面包制作一步一图

（日）堀田诚◆著　陈泽宇◆译

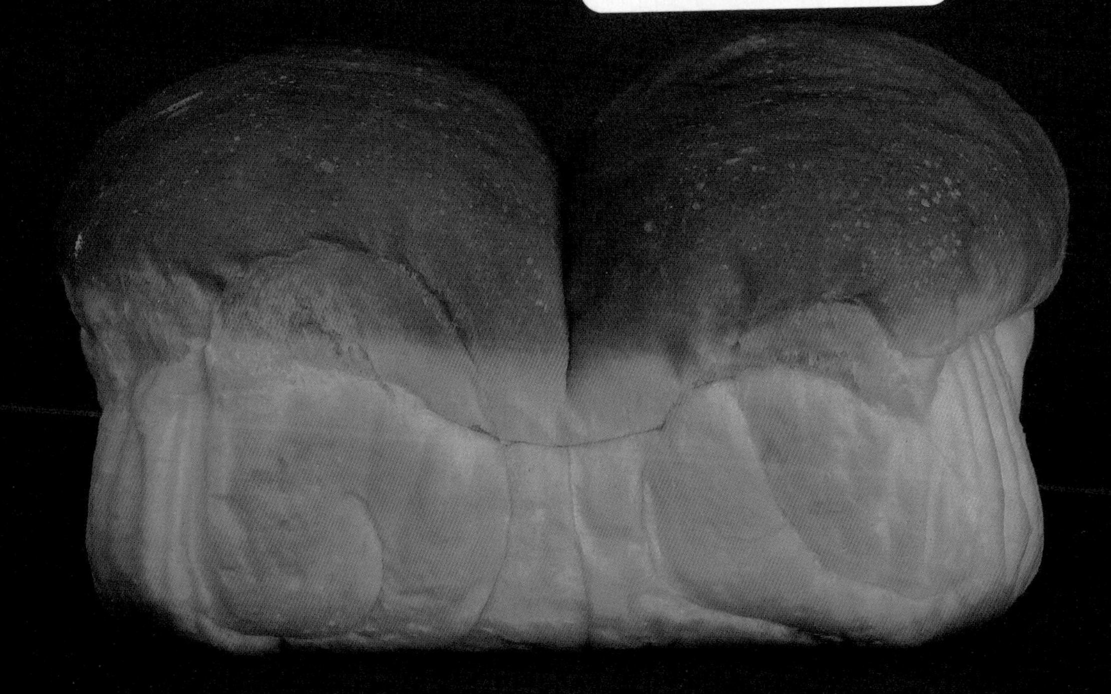

煤炭工业出版社
·北　京·

序言

作为一名专业面包师，我经常会产生各种各样的疑问。为什么有些面包需要充分和面，而有些面包却不能过度和面呢？面包里面的气泡是保留着比较好，还是挤出来比较好？面包成型时的挤压到底是用力一点好，还是轻柔一点好？根据面包种类的不同，做法也不尽相同，因此我的疑问也一直得不到解答。

为了解答这些问题，我做了很多的调查，得到的信息也各种各样，光是理解这些调查的结果就花了很多时间。那些有着独门秘方的面包店里的面包十分美味，但是这些面包都是经验+感觉+理论才制作而成的。如果单纯看着菜单上面包的名字去尝试制作，一般是很难成功的。

我开始学习面包制作之后，就想要做出一些带有个人色彩的面包，于是根据自己的经验，将已学过的知识总结起来，重新梳理出一套制作面包的方法，在此分享给大家。

首先是面包制作的主料和辅料，我在这里分别介绍了传统的白面包和法式长棍面包的做法，其中又分为使用高筋面粉和中筋面粉的2种类型。希望通过这样的对比告诉大家，在进行面包制作时，仅仅因为面粉的不同，就会导致原料的混合方式、和面方法、力量强弱、制作工序等都发生相应的变化。了解了这一点，大家才能制作出自己喜欢的面包，才能真正成为一名专业的面包师吧。

虽然本书中介绍的知识不一定特别全面，但是希望大家能够掌握一些面包制作的手法和思维方式，在面包制作遇到困难的时候作为参考。相信大家能够感受到专业面包师的精彩世界。

Roti.ORang面包烘焙教室　堀田诚

目录 CONTENTS

利用主料制作的全麦面包

在面包制作过程中需要提前了解的知识

利用主料 + 辅料制作的花式面包

需要提前准备的面包制作工具

如果你希望自己能够成为一名专业的面包师，一定要提前准备好下面介绍的这些工具。

大型工具

发酵机

用于发面。在发酵机的最下层置有一个小盘子，在里面倒一点凉水或热水，就可以在发面过程中保持面团表面的湿度。图中的这款折叠式发酵机可以很轻易地放进小型收纳盒中保存。

【折叠式可水洗发酵机 PF102】
发酵机内容量：
43.4cm × 34.8cm × 36cm
日本 KNEADER 发酵机

小冰箱

可以自由设定 5 ~ 60℃的温度。同样用于发面。虽然相对于发酵机来说，这种小冰箱的温度设定功能比较容易出现误差，但是完全符合醒面所要求的环境温度较低且较为阴暗的条件。而且这种小冰箱方便移动，在车上也可以使用，因此露营的时候可以带着它。

【便携式小冰箱 MSO–R1020】
冰箱内容量：
24.5cm × 20cm × 34cm
MASAO 电器

电烤箱

最好使用带有蒸汽功能的电烤箱。这种烤箱有蒸汽烘焙和无蒸汽烘焙两种模式。虽然使用燃气烤箱也是可以的，但是本书中所指的烤箱均是电烤箱，因此在实际操作过程中，两种烤箱在烘焙温度和时间上会有一些差别。厚实型的面包适合使用电烤箱，而松软型的面包则比较适合用燃气烤箱。

小型工具

A：发酵容器
用来发面的容器。最好使用半透明的材质。

B：烘焙模具（附带烘焙专用纸）
这种烘焙模具采用天然材料（白杨木），烘焙时温度易传导，且不会污染环境。即便在高温环境下，也不会烧焦或引起火灾。
大型模具：17.5cm×11cm×6cm
细长型模具：17.5cm×7.5cm×5cm

C：发酵模具（深口长方形）
在对已经变得柔软的面团进行最终发酵时用于挤压面团后造型。

D：案板
用于在擀面、切面团、搓面团等过程中放置面团。

E：面包烘焙纸
用于烘焙意式佛卡夏面包、圆面包等无需特殊造型处理的面包。

F：擀面杖
用于擀面。

G、H：称重计
最好使用可以精确到0.1克的称重计。图中的G是用于面粉等材料的称重，H是勺型的称重计，可以用于酵母等的称重。

I：碗
用于和面，此外醒面的时候可以将其盖在面团上。

J：打蛋器
用于混合搅拌少量液体。

K：硅胶铲
用于混合搅拌面包原料。

L：刮板
用于将散落的面粉拢到一处，还可用于切面团及刮落粘在某处的面团。

M：面包整形刀
用于切割面团，制作各种面包造型。

N、O：食品用温度计
图中的N是不用直接接触材料即可测试温度的温度计，O是需要深入材料内部测试温度的温度计。温度计主要用于测量面团温度及发酵温度。

P：茶漏、Q：硅胶刷
茶漏用于在面包制作完成后给面包装饰撒粉。硅胶刷用于制作过程中给面团刷油或蛋液。

R：计时器
用于计量面包发酵和烘焙的时间。

S：喷雾器
为了保持湿度，用于在烘焙过程中为蛋糕喷洒水雾。

Roti.ORang 面包烘焙教室所提倡的面包制作方法

利用面包的主要原材料制作简单的全麦面包时，只需要通过面粉、酵母、水和盐的各种不同组合，就可以创造出各种不同口味的面包。在整个制作过程中，面包师需要根据下图所示的排列组合，充分考虑各种原材料之间的相互作用与影响。水、面粉和酵母之间的关系十分紧密，这种关系对面包制作至关重要。同时，盐作为提味的重要元素，直接关系到面粉和水融合过程中蛋白质的收缩、面粉和酵母融合过程中酵素活性的发挥，以及酵母和水融合过程中渗透压强的大小。

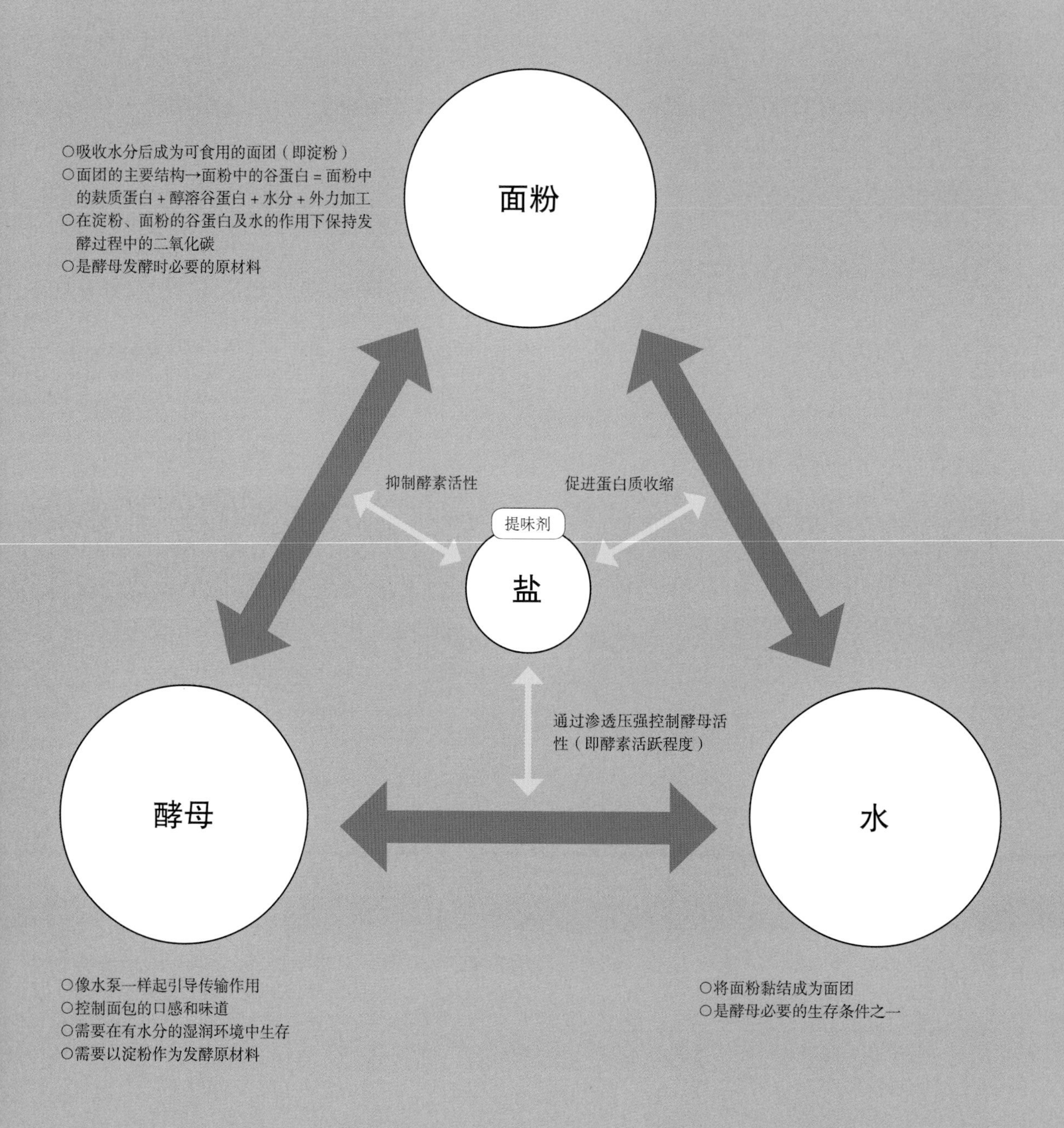

如果能够充分了解制作面包的各种原材料，那么在面包制作过程中想要自行调节各种材料的用量及性质时，就能够预想到各种应当注意的地方。

制作面包的 2 种方法

利用主料制作的全麦面包

面包制作的主料包括面粉、酵母、水、盐。本章中讲解的就是只使用上述 4 种材料发酵制作的面包。

注：盐本来是作为辅料使用的，但在本书中作为主料使用。本书中的发酵是指通过酵母发酵，而不是通过乳酸菌或醋酸菌进行发酵的方式。

利用主料 + 辅料制作的花式面包

面包制作的辅料包括糖、油、牛奶、鸡蛋和其他材料。本章中讲解的是用上述辅料配合主料发酵制作的面包。

利用主料制作的全麦面包

面粉

FLOUR

面粉是将小麦种子细细碾碎之后制作而成的。小麦的种子由种皮、胚芽、胚乳 3 部分组成，将胚乳部分细细碾碎之后制作而成的就是白色的面粉。胚乳是为种子发芽提供营养的地方，因此储存了小麦种子中的大部分营养。其主要成分是糖分及蛋白质，其中糖分占 80%，蛋白质占 10% ~ 15%。简单来说，胚乳就是指种子的中心到表皮之间的部分，胚乳中的各要素按层次有序排列着。而且，由于小麦种子的不同，其硬度也各不相同，又分为硬质小麦、软质小麦、中间质小麦。同时，由于小麦的生长环境不同，同种类型的小麦性质也不尽相同。

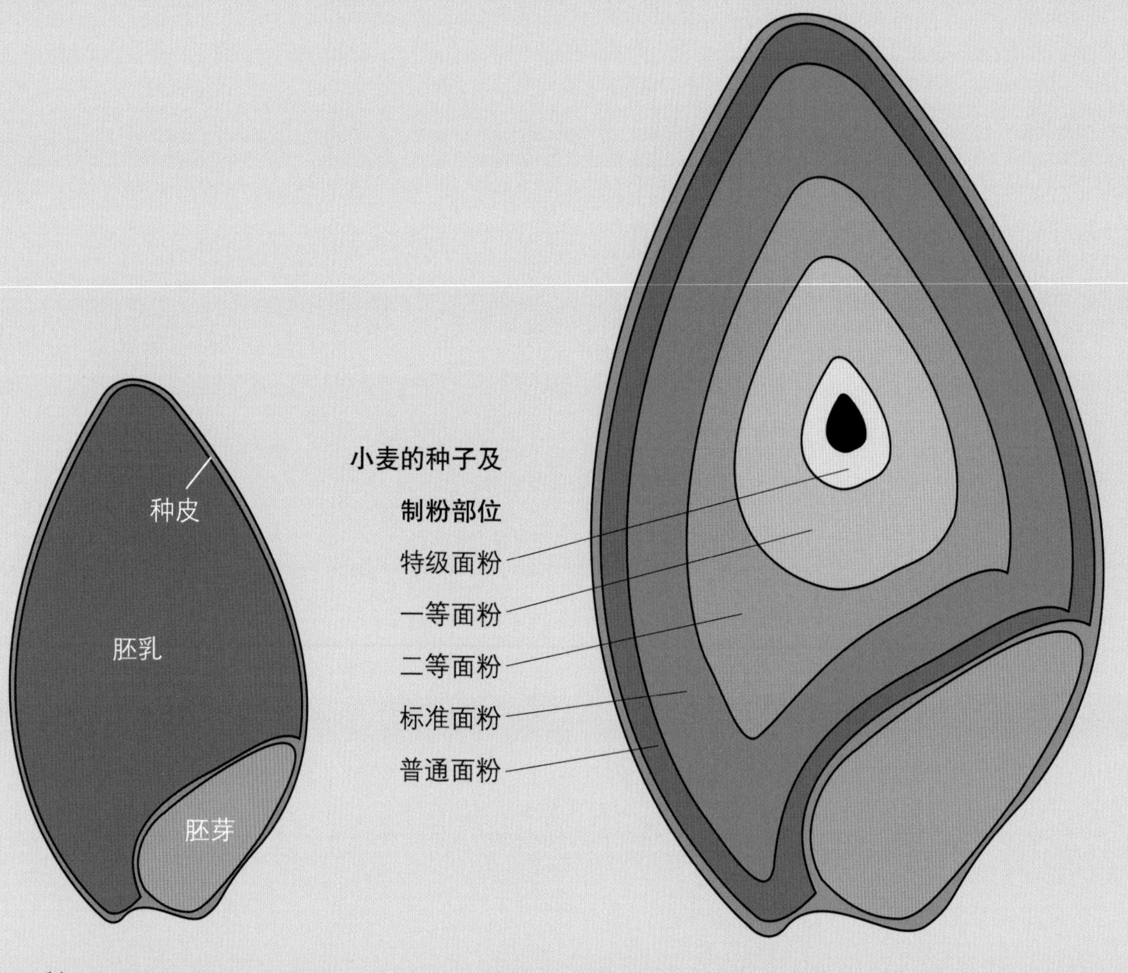

面粉的成分

由于面粉是将胚乳细细碾碎制作而成的，因此其中含有各种各样的成分。根据制作面粉的胚乳部位不同，其成分、成色及硬度都有区别，因此作为面包师应该记住这些区别，从而分辨出各种面粉的好坏。

胚乳各部位各要素的差别

	灰分	口感	颜色	硬度	颗粒大小	蛋白质	谷蛋白	淀粉	淀粉质
靠近小麦表皮部分（胚乳外侧）	多	浓郁	偏灰	较硬	较大	较多	较少	较少	粗糙
中心部分（胚乳内侧）	少	清淡	偏白	较软	较小	较少	较多	较多	细致

灰分

灰分是指在小麦完全燃烧时，糖分、脂质、蛋白质都燃烧殆尽后残留的灰状物质。这些物质其实就是铁、钙、镁等矿物质，灰分越多则面粉的口感越浓郁。灰分超过 0.5% 就可以明显感觉到其口感上的区别。并且，灰分多存在于种子靠外侧部分，这个部分颜色较为灰暗，因此制作成面粉后，面粉的颜色也如上表所述偏灰。偏白的小麦粉其灰分含量也较低。

蛋白质

小麦的蛋白质中除了有与谷蛋白相关的成分（麸质蛋白及醇溶蛋白）之外，还有球蛋白、清蛋白等，因此认为蛋白质即谷蛋白是完全错误的，但谷蛋白是蛋白质的说法则是正确的。实际上胚乳内侧部分谷蛋白较多，外侧部分则较少。不能正确认识这一点的话，就会错误地以为蛋白质越多，则谷蛋白也越多。这是关于蛋白质的认识中需要特别注意的一点。

通过灰分、颜色和蛋白质来判断面粉性质

颜色偏白，灰分和蛋白质较少的面粉

面粉里的蛋白质成分几乎都是与谷蛋白相关的成分，是将胚乳中心部位碾碎制成的面粉（100% 由胚乳中心部位制成）。没有特别的口感，但处理起来非常方便。

颜色偏白，灰分和蛋白质较多的面粉

将胚乳中心部位和外侧部分混合后碾碎制成的面粉（外侧：中心的比例约为 =1：9）。口感较清，比较容易处理。

颜色偏灰，灰分和蛋白质较少的面粉

将胚乳的中心部位和外侧部分混合后碾碎而制成的面粉（外侧：中心的比例约为 =9：1）。口感较为浓郁，也是相对比较容易处理的种类。

颜色偏灰，灰分蛋白质较多的面粉

将胚乳的外侧部分碾碎制成的面粉。口感非常浓郁，但处理起来相对麻烦。

面粉硬度及颗粒大小

摸上去如同粉末一样细腻清爽的面粉，主要由胚乳的中心部位碾碎制成。而手感有些粗糙、较重的面粉则主要由胚乳的外侧部分碾碎制成。

淀粉

将小麦的胚乳碾碎，其实就是碾碎淀粉的过程。在制作面包的过程中，大多数人会更多关注谷蛋白的存在，但是，面包的口感实际上是由淀粉的聚合物——碳水化合物决定的。烘焙后的面包吃起来是干巴、松散还是绵软、富有弹性，完全取决于面粉中淀粉的性质。

健全淀粉和损伤淀粉

根据制粉方法，淀粉又被分为健全淀粉和损伤淀粉。损伤淀粉能够大量吸收水分，因此制作而成的面团会更加富有弹性。同时，淀粉包括直链淀粉和支链淀粉两种不同的构造，直链淀粉是指葡萄糖以直线形式链接成锁状的短小结构，支链淀粉是指葡萄糖通过各分支链接而成的较大结构。因此，支链结构可以吸收更多的水分。我将直链淀粉称为粗糙淀粉，将支链淀粉成为弹性淀粉。

日本小麦属于弹性淀粉

日本种植的中间质小麦比美国小麦的支链淀粉更多，"北方香气" 这一特殊品种的面粉饱含损伤淀粉和支链淀粉，简直可以说是弹性淀粉最好的代名词。日本人非常喜欢这种弹性淀粉，我想这种面粉以后应该会被各大面包店广泛使用。

面粉的名称

最近市面上也开始出现了一些用日本小麦制成的面粉。以前市面上的面粉几乎都是制粉公司进口美国或加拿大产的小麦再加工而制成的。面粉的名称是按照面粉的品质、栽培地、品种的顺序来命名的 。面粉的品质是指特级面粉、一等面粉、二等面粉、标准面粉、普通面粉的分类，例如"1CW Red 系"，指本品为一等面粉，小麦栽培地为加拿大西部，品种为红春小麦。

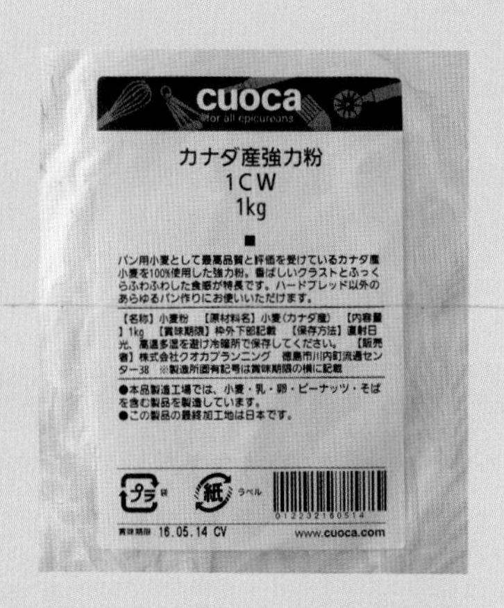

高筋型和中筋型

将硬质小麦碾碎可以制成高筋面粉和中筋面粉，将软质小麦碾碎可以制成无筋面粉，将中间质小麦碾碎可以制成低筋面粉。用硬质小麦是无法制成低筋面粉和无筋面粉的。普通的小麦一般制成的都是低筋面粉。不过，市面上的各种面粉也并不完全是按照上述的方式来划分面粉种类的。在本书中以“高筋面粉 = 高筋型，中筋面粉 = 中筋型”的逻辑来进行分类。

高筋型及中筋型的区分逻辑

小麦的种类	种子的形状	市面上的高筋面粉	市面上的中筋面粉
硬质小麦		谷蛋白较多	谷蛋白较少
中间质小麦		本来属于低筋面粉，但是谷蛋白含量较多，市面上作为高筋面粉出售，因此这里作为高筋型列举出来。	本来属于低筋面粉，但是谷蛋白含量较多，市面上作为中筋面粉出售，因此这里作为中筋型列举出来。
软质小麦		——	谷蛋白含量较少，所以市面上作为无筋面粉出售。

注意！面粉的硬度本应该由谷蛋白含量的多少来决定，但市面上多以蛋白质含量的多少来进行判断。

不同小麦的和面方式

由于含有较多胚乳外侧部份的中筋面粉的谷蛋白含量较少，因此和面时要轻柔地使用力量。高筋面粉含有较多胚乳中心部位，谷蛋白含量也较多，因此要用力和面。

	高筋型	中筋型
硬质小麦	用力和面	稍用力和面
中间质小麦	稍用力和面	轻柔和面
软质小麦	一定要轻柔和面	一定要轻柔和面

市面上的各种面粉

市面上有各种各样的面粉。选购的时候要根据自己想要制作的面包来选择适合的面粉。

* 选购面粉主要根据蛋白质和灰分的含量来进行判断。根据面粉原料的不同，其规格也不尽相同。

○ 高筋面粉（进口小麦）

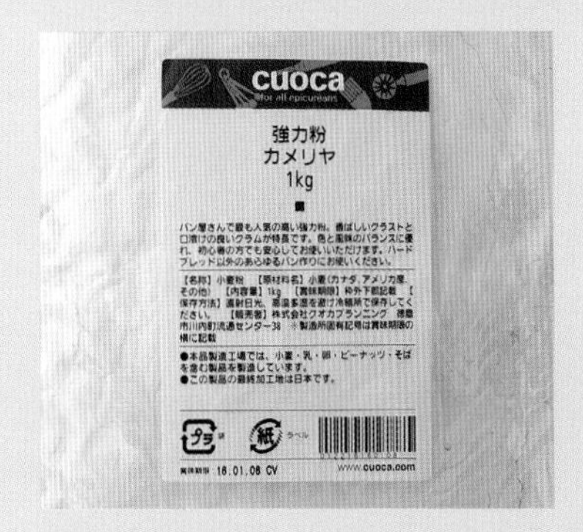

Camellia 1kg

蛋白质含量：11.8%

灰分：0.37%

这是在面包制造领域最有名的高级面包用高筋面粉。这种面粉带有浓厚的小麦香气，做出来的面包口感软糯。适合用于制作白面包、点心面包、佐餐面包卷等面包。

Super Camellia 1kg

蛋白质含量：11.5%

灰分：0.33%

这是最高级的面包用高筋面粉。其特征是面粉色泽洁白，口感软绵，风味独特。面粉细腻如丝，适合用于制作松软型的面包。

Orson 1kg

蛋白质含量：13.0% ± 0.5%

灰分：0.52% ± 0.04%

蛋白质含量较高，因此最适合用于制作点心面包或者其他松软型的面包。也适合制作杂粮面包和水果面包。

Cuoca 松软型面包用粉 1kg

蛋白质含量：11.7% ± 0.5%

灰分：0.36% ± 0.03%

用这种面粉适合制作整体松软、内部细腻的白面包，尤其是无需添加其他辅料的最简单的白面包。也适合用于做三明治。

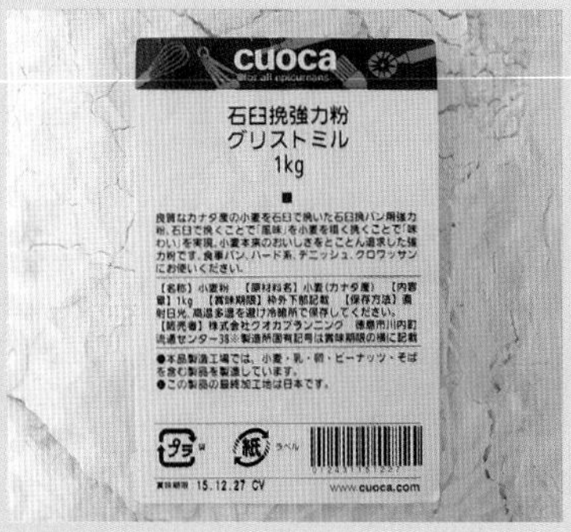

石磨研磨面粉 1kg

蛋白质含量：13.5% ± 1.0%

灰分：0.95% ± 0.10%

将优质的加拿大产小麦用石磨研磨而成，因为并没有研磨得很细，所以很好地保留了小麦的风味，特别适合制作一些口感独特的面包。

1CW（加拿大产） 1kg

蛋白质含量：12.3% ± 0.3%

灰分：0.39% ± 0.03%

加拿大产的小麦被誉为世界上最适合做面包的小麦。这种面粉 100% 使用了加拿大产小麦，十分筋道。做出来的面包既松软又有嚼劲。

◯ 高筋面粉（日本产小麦）

梦之力 100%（北海道产） 1kg

蛋白质含量：12.5%
灰分：0.48%

100% 使用了北海道产的超高筋小麦。其特征是实现了普通小麦达不到的高蛋白质含量。这种面粉制作出来的面包十分筋道，富有弹性。

春之丰 100%（北海道产） 1kg

蛋白质含量：11.5% ± 1.0%
灰分：0.46% ± 0.05%

这种面粉也是 100% 使用了在面包制作领域具有绝对压倒性人气的北海道产小麦。口感浓郁，口味偏甜，做出来的面包松软细腻。适合制作各种类型的面包。

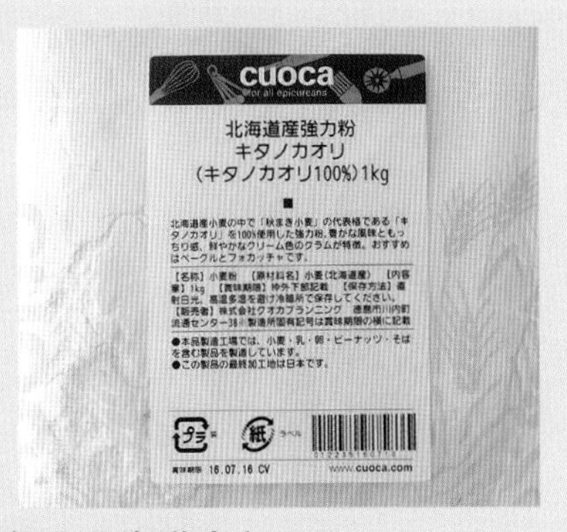

北方香气（北海道产） 1kg

蛋白质含量：11.5% ± 1.0%
灰分：0.49% ± 0.05%

这是日本产小麦中非常容易处理的一种新型高筋面粉。面粉本身颜色偏黄，能够烘焙出非常好看的颜色。这种面粉烘焙出的面包口感十分稳定，能够发挥出面粉本身独特的风味。

Terrier 特等面粉（岩手县南部产小麦） 1kg

蛋白质含量：10.5% ± 0.5%
灰分：0.46%

没有一般面粉的涩味，口感比较清淡。适合用于制作白面包、点心面包和面包卷等。

◯ 中筋面粉

Risdouru（法式面包用）1kg

蛋白质含量：10.7%
灰分：0.45%

用这种面粉制作的面包比较松脆，适合制作地道的法式面包，被日本的各大面包店广泛使用。

Mull do pier（石磨研磨型，法式面包用）1kg

蛋白质含量：10.5% ± 0.8%
灰分：0.55% ± 0.1%

含有较多氨基酸，甜度较高，所以比起其他的法式面包用中筋面粉，这种面粉在口感上更加甜一些。

Type ER（北海道产，法式面包用）1kg

蛋白质含量：10.5%
灰分：0.66%

特别适合制作法式面包、黑麦面包以及使用天然酵母发酵的面包等比较硬实的面包。面粉本身颜色偏黄，做出来的面包颜色也特别好看。

Slow Bread Classic（法式面包用）1kg

蛋白质含量：11.5% ± 1.0%
灰分：0.6% ± 0.1%

特别适合制作带有小麦本身浓郁香气的面包。这种面粉的制作原料每年都会发生一定的变化，但其品质一直都十分稳定。

○ 全麦粉

石磨研磨型全麦粉 500g

蛋白质含量：14.0% ± 1.0%
灰分：1.5% ± 0.15%

这种面粉是用北美产的面包用小麦经过石磨研磨后制作而成的全麦粉。具有石磨研磨型面粉特有的风味和口感，同时矿物质和植物纤维等营养元素也很丰富。

○ 黑麦粉

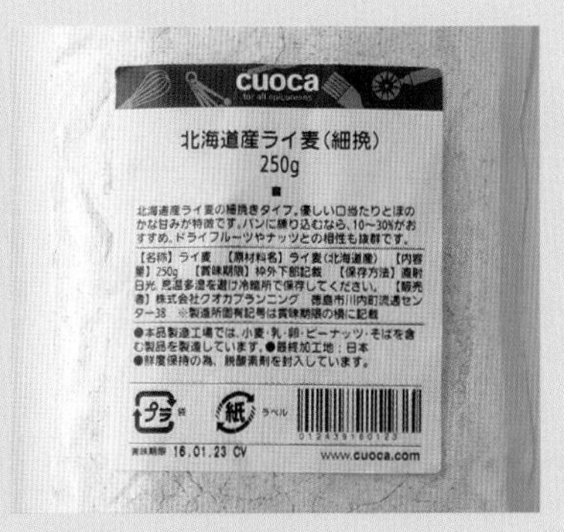

黑麦粉（细研磨型） 250g

蛋白质含量：7.5%
灰分：1.6%

风味多样，带有独特的酸味和甜味。这种特别的风味使其特别适合制作颇有量感的德式面包。想要在制作松软型的面包时加入这种面粉的话，则只需加入少量即可。

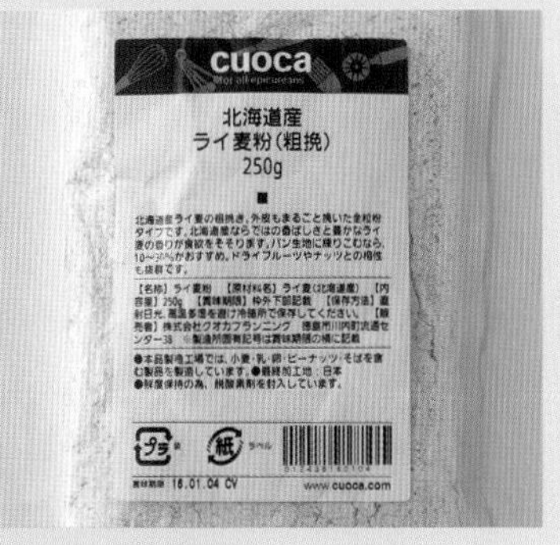

黑麦粉（粗研磨型，北海道产）250g

蛋白质含量：7.5%
灰分：1.6%

有着北海道产小麦特有的馥郁香气。制作面包时，在普通面粉中加入 10% ~ 30% 最为合适。也特别适合用于制作水果面包和坚果面包。

麦芽

麦芽是用刚开始发芽的大麦制作而成的。里面含有的淀粉分解酵素活性很强，有液体和粉状固体两种形态。其中的淀粉分解酵素活性很高，能够分解面粉中的损伤淀粉，然后产生能够成为发酵原料的糊精和葡萄糖。特别是对于法式面包那样在面团里不加入糖分的面包来说，需要快速地激发酵母活性，将面粉中的淀粉分解成葡萄糖，这种情况下就可以使用麦芽。不过，淀粉虽然得到了分解，但是谷蛋白并没有被分解，所以面团还是会变松弛的。

2 种类型的麦芽
上图左边是粉状固态麦芽，右边是液体的麦芽酒。粉状固态麦芽的优点是易于保存。麦芽酒易溶于水，且具有淡淡的甜味和香气。

酵母

YEAST

市面上卖的酵母有各种各样的名字，比如普通酵母、天然酵母、自制培养型酵母等，无论哪种都属于酵母的一种。在各种酵母中，我们用于面包制作的是面包酵母群，在这一酵母群中，属于面包酵母的啤酒酵母、属于贝酵母的红酒酵母以及巴氏酵母中的淡味啤酒酵母（将啤酒酵母和红酒酵母合在一起形成的一种酵母）等都是最常使用的酵母。

在面包制作中经常使用的酵母

所有的酵母都是天然酵母，其中最主要的是啤酒酵母。根据制作方法可以分为 3 种：第一种是在工厂里大量培养制成的酵母，也就是市面上卖的普通酵母；第二种是工厂加上人工培养制成的酵母，也就是市面上卖的天然酵母；第三种就是自己人工培养的酵母，也就是自制培养型酵母。酵母又分为仅由一种酵母构成的单一型酵母和由 2 种以上酵母构成的复合型酵母。一般来说，在工厂里制作的酵母都是单一型酵母，自制的酵母往往属于复合型酵母。而且，即便都是单一酵母，使用的酵母不一样，酵母的活性等是不一样的。

下面我们来看一下 3 种酵母的使用区别在哪里。如果说市面上卖的普通酵母是专业棒球选手，那么天然酵母就是已经转业了的棒球选手，自制酵母就是业余棒球选手。如果你想按照精确的比例做出正宗的面包，那么选择专业棒球选手（普通酵母）比较好，能力很强，精度很高。如果你想要一边享受做面包的快乐一边做出比较精确的面包，可以选择已经转业了的棒球选手（天然酵母），虽然也会有些差错，但总的来说差错不大。如果你想要完全享受自己做面包的乐趣，就可以选择业余棒球选手（自制酵母）了。虽然可能会发生各种各样的问题，但也可以从中体会到各种各样的乐趣。

酵母的种类

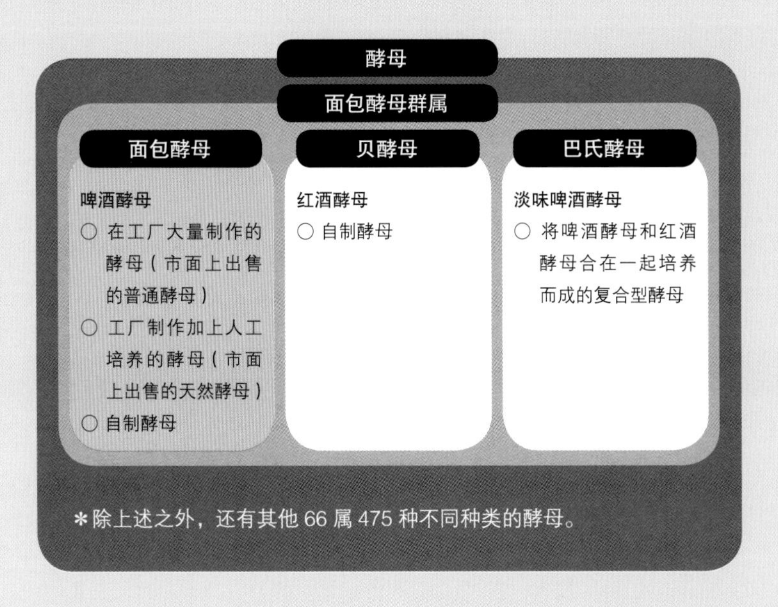

酵素发挥作用的 5 大条件（环境）

酵母在分解了发酵原料之后，会因为这一过程中产生的能量而充满活力，而实现分解发酵原料这一过程的就是酵素。为了能让酵母活性增强，一定要先增强酵素的活性。酵素的主要成分是蛋白质，在水中也可以合成，具有分解能力。可以将酵素想象成一把在水中挥舞的剪刀来理解分解这一过程。而且这把剪刀具有特异性，分解麦芽糖的剪刀（酵素）就只能分解麦芽糖，不能分解砂糖或是脂质。

① 温度

酵素和酵母最适宜的温度是 4 ~ 40℃。酵素并不是生物的一种，而是在生物体内承担帮助分解的一种媒介。没有热量（温度）酵素就无法工作。温度达到 4℃之后，酵素开始进行分解，在 30 ~ 40℃的时候这种分解速度会达到顶峰。超过这个临界点后，分解的速度会再次下降。而且酵素是由蛋白质构成的，温度超过 50℃，酵素中的蛋白质就会因为高温而变形，超过 60℃的话，蛋白质就会遭到不可逆的破坏。如果酵母体内的酵素能够正常工作，就可以高效率地分解营养，从中获得能量，帮助酵母繁殖。

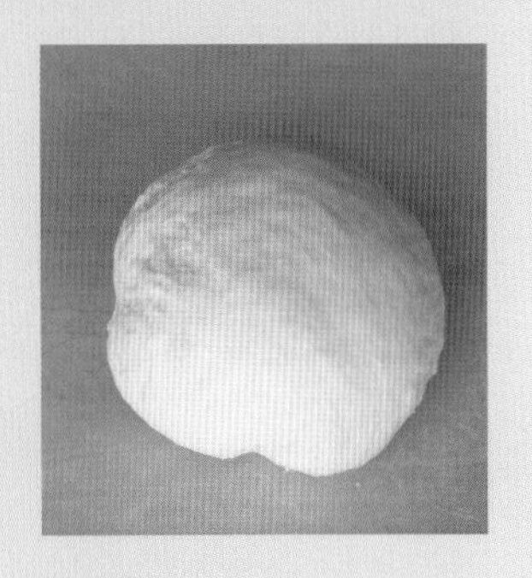

面包制作和面团温度

只用主料制作全麦面包时，淀粉的分解需要花费一定的时间，如果一下子就将酵母置于适宜的温度中，发酵过程中就会出现发酵原料不足的情况，所以要将面团温度设定为低于适宜温度的一个值。

在制作花式面包时，因为原料中添加了能够作为发酵原料的砂糖，不会出现发酵原料不足的情况，所以将面团温度设定为几乎等于适宜温度的值即可，这样面团可以在松弛之前就得以膨胀，做出来的面包也会好看很多。如果将面团温度设定到 30℃以上，酵素虽然可以很好地工作，但是由于分解产生的热量过多，使得面团温度上升，酵素的活性反而会下降，面团的发酵也会失败。如果面包制作过程中发现面团温度过高了，可以通过再次和面发酵以及分割面团的方式来调整面团的温度。这样只要有用于发酵的原料，酵素就可以持续发挥作用，酵母也可以一直保持活性，面团得以顺利膨胀开。

面团温度和面团的状态

面团温度	面团的状态
温度过低（5 ~ 10℃）	酵素几乎无法工作，酵母活性很低，面团不易膨胀。
10 ~ 20℃	酵素和酵母发酵缓慢，面团能够膨胀，但是会横向延展。
20 ~ 25℃	酵素和酵母能够发酵，面团能够膨胀。
25 ~ 30℃	酵素和酵母活性很强，面团能够均匀膨胀。

② 氧气

发酵是酵母的生命活动，是一种食用后对人类有益的反应。从狭义上说，发酵指的是酒精发酵。但是仅靠酒精发酵，面包是无法膨胀的。酵母是需要呼吸的，因此就需要氧气。面团得以膨胀是因为同时存在着不需要氧气的酒精发酵和需要氧气的乳酸发酵。如果只有酒精发酵，不仅发酵时间很长，面包还会有一股浓烈的酒精味。所以乳酸发酵是必不可少的，氧气也就成为了发酵过程中的必要条件。用下列方程式来解释就更容易理解了。

酒精发酵

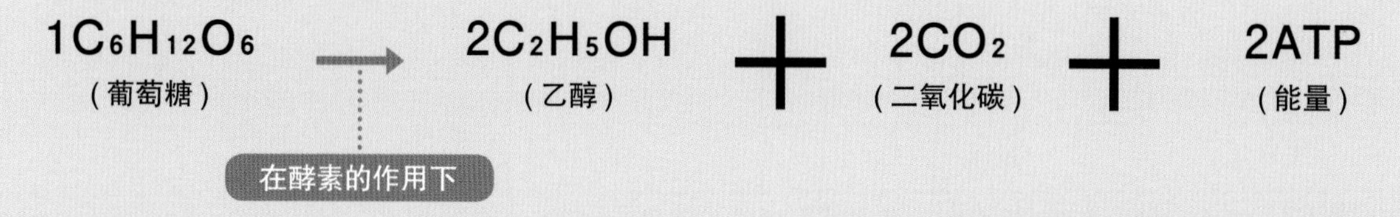

* ATP 是指储存在发酵原料中的能量。

乳酸发酵

同样的 1 个葡萄糖，在酒精发酵下只产生了 2 个能量，但在乳酸发酵下却能够产生 38 个能量。这就是因为在乳酸发酵的过程中加入了氧气，而且在氧气的作用下，还产生了 6 个二氧化碳。人类没有氧气就会死亡，但是酵母可以切换到酒精发酵的模式，在没有氧气的情况下会获取较少的能量用于生存。

③ 营养（发酵原料）

为了让酵母体内的酵素好好工作，从而产生能量，高效率地分解营养就是非常重要的事情了。发酵原料分为从面粉中的淀粉里分解出来的麦芽糖和砂糖。主食麦芽糖的酵母比较适合制作只用主料的全麦面包，其分解麦芽糖的酵素活性非常高。主食砂糖的酵母则是分解砂糖的酵素活性非常高。面包制作中 2 种酵母都可以使用。

发酵时间和口感的关系

由于经过长时间发酵的面团得到了充分膨胀，其内部的谷蛋白也更加柔软，因而发酵完成的面团将会横向延展，制作完成的成品面包也会更有量感。在 P23 的“面包制作和面团温度”中也提到过，酵素通过分解淀粉，使其成为可以作为发酵原料的麦芽糖。蛋白质和脂肪通常并不会在发酵过程中得到分解，但由于发酵过程中发酵原料的不足，酵母会将蛋白质和脂肪也作为发酵原料进行分解，从而产生能量。在这一过程中会产生诸如氨基酸等有机酸，以及醛类、酮类等苦涩口感的物质和芳香酯类等副产物，这些副产物共同构成了面包的口感与味道。因此，即使发酵时间较短的面包本身很松软，但发酵过程中的副产物很少，导致面包口感不足。而长时间发酵的面包由于发酵时间充分，副产物也相对更多，所以更加好吃。

④ pH 值

在 pH 值为 5 ~ 6 的弱酸性环境中，酵母活性最强。由于酵母和酵素也属于蛋白质的一种，发酵环境过酸或过碱都会导致其变性，失去发酵作用。

⑤ 水分

酵素只有在水中才能发挥作用，因此发酵过程中水分是必不可少的要素。

使用方便的天然有机酵母

市面上出售的酵母大多是将生酵母干燥后制作而成的。在干燥过程中，部分酵母可能会失去活性，因此使用这种酵母时，不能用普通的方法进行发酵，需要在正式发酵前用温水和白砂糖进行预发酵。而天然有机酵母就克服了普通酵母的这一缺点。天然有机酵母在干燥过程中使用了维生素 C，从而使酵母活性得以稳定。将其直接与面粉混合就可以发挥稳定的发酵作用。本书的面包制作也均是使用这种天然有机酵母。右图的天然有机酵母是法国 saf 公司生产制作的，金色包装的是耐糖型天然酵母，可以用于发酵含糖量 12% 以上的面团。

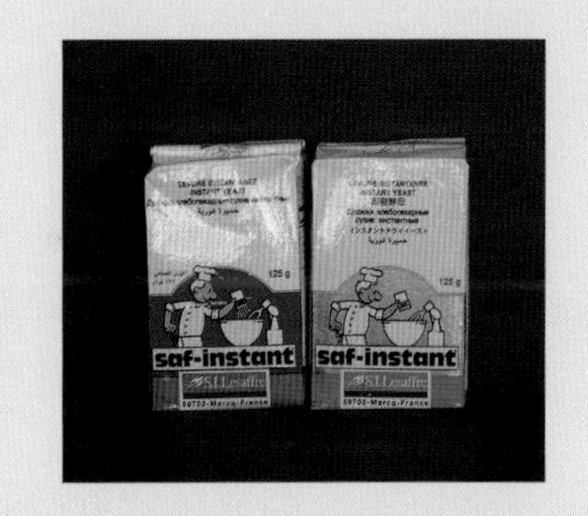

自制酵母

自制酵母是利用酵母和酵素的特性，在弱酸性、酵母适宜生长的温度以及发酵原料充足的环境中制作出来的。自制酵母的方法有很多种，本书中仅列举一种用水果种子制作酵母的方法，各位读者可以用作参考。将某种带有酸味的水果碾碎，连同果皮一起放入瓶中，再加入少量的白砂糖，并用温水混合。水果及果皮上附着着大量酵母，而砂糖则是极好的发酵原料。等到瓶中出现二氧化碳气体之后，晃动瓶身将其除去。发酵后的酒精气味越浓烈，意味着酵母活性越低，因此自制酵母需要放置在温度 4℃以下的冰箱中进行冷藏。这样培养一段时间后自制酵母就完成了。将自制酵母液加到小麦粉中，由于分解淀粉的酵母增加，面团也会膨胀起来。

* 自制酵母除了上述的种类之外，还有利用黑麦制作的黑麦乳酸发酵类、小麦天然发酵类（levian）、意大利圣诞面包发酵类（panettone）、白乳酸发酵类（white sour）等多种。

水

WATER

在面包制作过程中水有两个作用，一是因为面粉需要吸水，二是因为水是酵母生存的必要条件之一。前者中的面粉吸水之后，能够将麸质蛋白和醇溶蛋白联结起来，形成构成面团结构的蛋白，而且面粉中的淀粉也需要直接吸水，通过这一过程能够调节面团的硬度。后者中酵母生存则一定需要有水的环境，只有有水，酵素才能工作。同时，水还可以作为酵母的营养元素（糖）的溶剂，并兼具调节温度的功能（对于面团温度具有很大的影响）。所以，在做准备工作时，关于水的温度、周围环境的温度都要根据经验掌握清楚，这一点是很重要的。在关于水的处理上，需要提前了解的知识包括硬度、pH 值和水的活性。

硬度

硬度是将水中溶解的无机盐（矿物质）换算成碳酸钙之后用数字形式表现出来的结果。无机盐包括钠、镁、钙和铁等，但这些物质的量无法进行单纯比较，就好像要比较棒球选手、足球选手和游泳选手中哪一个选手的运动能力比较强一样。此时通常是选择一个大家都会的项目来进行测试，然后再综合评价。并不是单纯地因为钠的含量高就说明水的硬度高，镁等物质含量很低但水的硬度却很高的情况也是有的。如果镁和铁的含量高，水的涩味就比较明显。如果钠和钙的含量高，水的咸味就比较明显。所以，即使是同样硬度的水，其味道也会略有区别。

面包制作和水的硬度

在面包的制作中，面团的紧实度与水的硬度息息相关。如果水的硬度是 0ppm，那么面团就难以变得紧实，但如果水的硬度太高，面团又会因为硬度较高而难以膨胀。所以，我们要根据谷蛋白的含量来确定需要使用哪种硬度的水。谷蛋白较多的面团用低硬度的水就可以使面团膨胀成很好的形状。相反，谷蛋白较少或很柔软的面团，用高硬度的水才能使其能够保持良好的形状。一般来说，面包卷、夹心白面包使用硬度为 60ppm 的水即可，而法式面包则需要选择接近法国自来水硬度（200 ~ 300ppm）的水来制作才会更正宗一些。

纯水 硬度 0 ppm　南阿尔卑斯山天然水 硬度 30 ppm　Volvic 硬度 60 ppm　依云 硬度 304 ppm　Contrex 硬度 1468 ppm

pH 值

pH 值是将溶于水中的氢离子的浓度用数字表示出来的结果，是指能够将其他物体酸化或碱化的程度强弱。通过调整 pH 值能够使其他物体变强或变弱。pH 值以 7 为中性，高于 7 则为碱性，低于 7 则为酸性。若是过小或过大的 pH 值则意为着强酸性或强碱性，其影响力也相对更强。

面包制作与 pH 值

即使 pH 值只相差 1，对面包制作来说也有很大的不同。pH 值相差 1 会有 10 倍的差别，pH 值相差 2 则有 100 倍的差别。所以，pH 值通常会精确到小数点后一位。我们在酵母的部分也做了一些关于 pH 值的叙述，几乎所有的酵母都是在弱酸性环境（pH 值 5 ~ 6）下才能够具有活性。所以在做准备工作的时候，我们也要尽量选择弱酸性的水，帮助酵母尽早地发挥活性。不过，如果水的酸度太强，超过了酵母可以承受的极限，面团就会变得不易膨胀。

水的活性（结合水和自由水）

水在面团中分为结合水和自由水 2 种。结合水是指与蛋白质、糖、盐等物质紧密结合在一起的水，失去流动性和溶解性，水分子无法自由活动。这种水即使在 0℃以下也很难冻结，在 100℃以上也很难蒸发。微生物也不能利用结合水进行繁殖，所以结合水也不易腐烂。自由水是指除了结合水以外的水。自由水容易被冻结，容易蒸发，容易被微生物利用，所以也容易成为腐水。

面包制作和水的活性

在面包制作中，如果结合水比较多，面包的形态就能够保持更长时间。不过为了保持酵母的活性，又必须保证有充足的自由水。在面包制作的原料中，如果蛋白质、盐和糖的用量增多，就会导致结合水增多，但相对地自由水会变少，因此酵母的活性也会减弱。所以，面团里不能都是结合水。比如，用 100% 的麦芽酒来和面，面团的硬度会很高，不过制作出来的面包却是完全没有蓬松感的。自由水和结合水的比例就叫做水的活性，水的活性越低，微生物越不容易繁殖。100% 的自由水的活性为 1。

盐

SALT

盐在面包制作中对面粉、酵母和水都有影响，同时对味道的提炼和面团的收拢也起到重要的作用。盐的种类有很多，不过在面包制作时最好选择矿物质含量较多的天然盐。

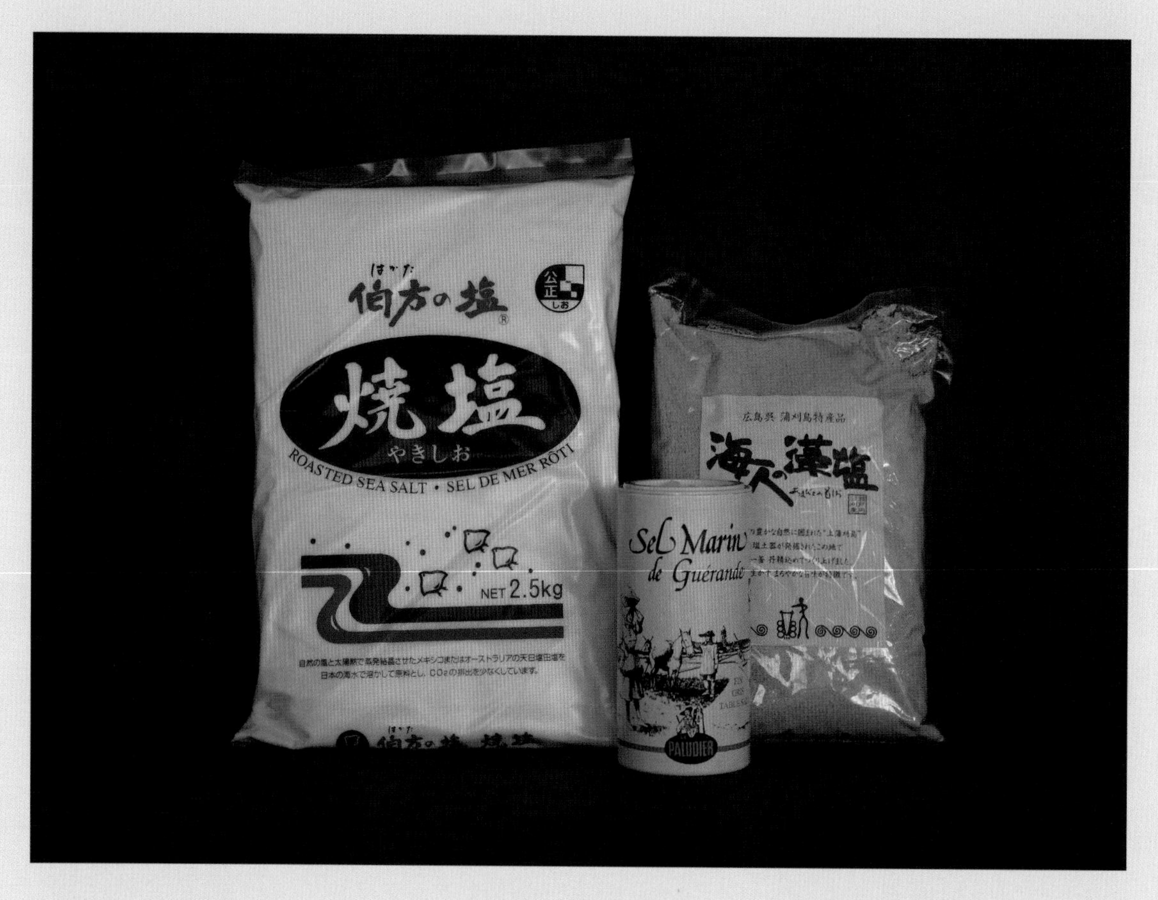

伯方烧盐 / 伯方盐业

以溶于日本海水中来自墨西哥和澳大利亚的海盐为原料制作而成的盐。残留了些许盐卤。

Guerande 盐（颗粒状海盐）

这是用法国布列塔尼半岛所产的海盐制作而成的盐。风味很好，且矿物质含量很高。

海人藻盐 / 蒲刈物产

用濑户内海的海水和海藻制作而成的盐。含有天然盐的独特风味和诸多矿物质。口感醇厚，不带苦味。

面包制作中盐的作用

主要有以下 4 大作用。

① 提炼味道（对比作用）

当面包中有其他味道时，盐可以凸显另一种味道。
在用主料制作全麦面包时，盐主要用来提升面粉中小麦的味道。

② 引起蛋白质变性

盐能够溶解谷蛋白等蛋白质使其变形，从而促进面团的紧实度。
对于抑制酵素的活性也有一定的作用。

③ 形成结合水，抑制微生物繁殖

因为能够形成结合水，所以可以很好地保持水分，但由于抑制了微生物的繁殖，酵母活性减弱。
抑制了酵母分解糖类的速度，对于面包成色也略有影响。

④ 使渗透压增高，起到脱水作用

因为渗透压增高，水分从酵母内部流失，会起到抑制酵母活性的作用。

盐的使用方法

盐不仅能促进谷蛋白结构的紧实，而且对于面包的口感也具有很大的影响。根据谷蛋白含量的多少，需要调节盐的用量并选择合适的盐。

A 谷蛋白较多的时候，如果盐的用量过多，会导致谷蛋白太过紧实而使面团延展性很差，所以要控制盐的用量。

B 谷蛋白含量较少时，增加盐的用量，那么即使是软软的面团也可以变得紧实起来。同时因为增多了盐的用量，很可能导致面包咸味过重，所以选择一些带有盐卤的盐可以有效地减弱咸味。

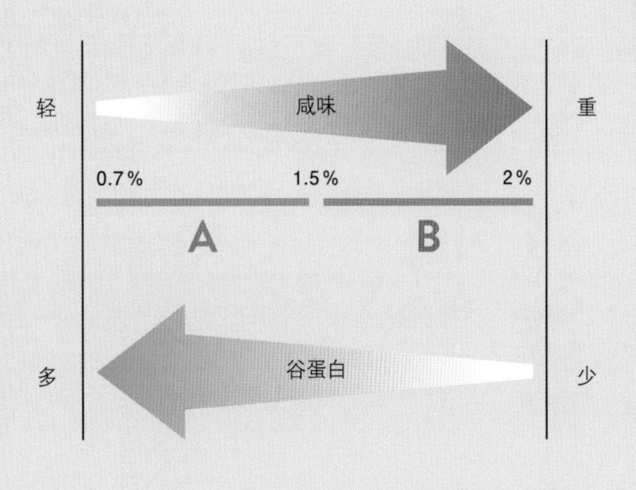

在面包制作过程中需要提前了解的知识

面包比例表示

在表示各种原料的比例时，我们将面粉的用量视为100%，其他材料的比例通过与面粉用量的对比来确定，这就是国际上通行的面包比例的表示方法 。书中所提到的百分比并不是该种原料占所有原料的比例，所以所有材料的百分比加在一起就会超过100%。使用这种方法是因为在面包制作过程中用量最多的就是面粉，所以以面粉的量作为基准来衡量其他材料是最合适的。用这样的方式就可以轻松地通过计算得出各种材料的用量了。

例如，高筋面粉用量100%，砂糖用量5%，计算方法如下：

如果使用100g的面粉，那么所需的砂糖就是 100×5%=5g
如果使用1000g的面粉，那么所需的砂糖就是 1000×5%=50g

外比例和内比例

外比例就是我们上述的面包比例表示的方法，将面粉的用量视为100%来计算其他材料的用量比例。内比例是指将所有材料的总用量视为100%来计算各种材料所占的比例，在面包制作的材料表上通常只有面粉的用量是用内比例100%的形式表现的。

老面、中种面团、液态发酵面团、汤种面团

在制作面包时，将所有的材料一次性混合在一起的直接揉合法是最基本的方法，不过想要做一些特别的面包时，也可以另外制作被称为酵头的面团，然后加入到其他材料中。增加这一步骤可以增加面包的味道、风味、口感。在本书中给大家介绍 3 种发酵面团和汤种面团。

老面 （即做好的面团）	中种面团 （面团状态比较紧实）	液态发酵面团 （面团呈现稀软状态）	汤种面团 （面团呈现黏糊糊状态）
指在制作面团的时候，将前一天制作的面团放一些进去，然后混合起来的方法。通过混合已经制作完成的面团增加面包风味。	指将水和酵母加入一部分面粉中，然后混合发酵，在发酵的过程中加入其余材料制作面团的方法。因是分成 2 次混合材料，所以谷蛋白的延展性较好，做出来的面包稳定性较强。	先在一部分面粉里加入水和酵母，使其发酵，在发酵完成制作面团的时候将其他材料加入其中混合。其要点在于制作液态发酵面团时，面粉和水等量加入。因为事前已经发酵完成了，所以面团的延展性和口感都很好。	将面粉在热水中混合，然后和面，使面粉中的淀粉受热成糊状，然后再将此面团加入制作面包的面团中。面团黏性比较强，所以可以长时间保持很好的味道。
○ 能够使面包口感和风味更好。 ○ 因为相当于追加了一些谷蛋白，所以和面的时间得以缩短。 ○ 因为老面呈弱酸性，所以加入整体的面团中可以稳定酵母的状态。 ○ 面粉和水长时间地结合，因此水分保持得更好。 ○ 老面中粉的用量采用外比例的方式表现。	○ 能够使面包口感和风味更好。 ○ 面团比较紧实，所以微生物难以活动，酵母也会放得比较多。 ○ 因为谷蛋白结构保留很好，所以和面的时间得以缩短。 ○ 因为中种面团呈弱酸性，所以加入整体的面团中可以稳定酵母的状态。 ○ 中种面团硬度较高，面粉和水结合地比较紧密，因此水分的保持相对来说也更好。 ○ 发酵时间得以缩短。 ○ 中种面团中粉的用量采用其占所有面粉用量的内比例方式表示。	○ 能大幅度提升面包口感和风味。 ○ 面团如同液体一般柔软，所以易于微生物活动，酵母的用量相对来说较少。 ○ 因为谷蛋白结构较不稳定，所以面包制作完成后比较脆。 ○ 因为液态发酵面团呈弱酸性，所以加入整体的面团中后酵母的状态非常稳定。 ○ 液态发酵面团十分柔软，面粉和水结合地十分紧密，因此水分的保持极好。 ○ 发酵时间较长。 ○ 液态发酵面团中粉的用量采用其占所有面粉用量的内比例方式表示。	○ 面包的味道不会有什么改变。 ○ 因为热变性的作用，所以并不能给制作面包的面团增加谷蛋白。 ○ 不会影响 pH 值，所以酵母具有安定性。 ○ 遇热后面粉中的淀粉成糊状，所以水分保持度很高。 ○ 汤种面团中粉的用量采用其占所有面粉用量的内比例方式表示（因为谷蛋白在汤种面团中会受到损害，所以一般用 30% 左右的面粉来制作汤种面团）。

一次发酵

这是包含揉搓好的面团里的酵母在谷蛋白的结构中制造二氧化碳气泡的过程。如果在酵母的周围有酵素，酵母就会一边进行乳酸发酵一边分解糖类，并制造出大量的二氧化碳和一些影响面包口感、风味和香气的副产物。同时，随着二氧化碳的不断增多，酵母活性逐渐降低，酵母切换至酒精发酵模式，继续分解糖类，并储存副产物。一次发酵的重点在于：如果想要制作蓬松型的面包，则要重视酵母活性较强的这段时间；如果想要制作口感风味比较好的面包，则要重视副产物储存的这段时间。

二次和面

从和好面之后到分割面团为止，在进行一次发酵的过程中，我们需要进行二次和面。这个过程中面团的状态和进行此道工序的时间点有着很大的关系。

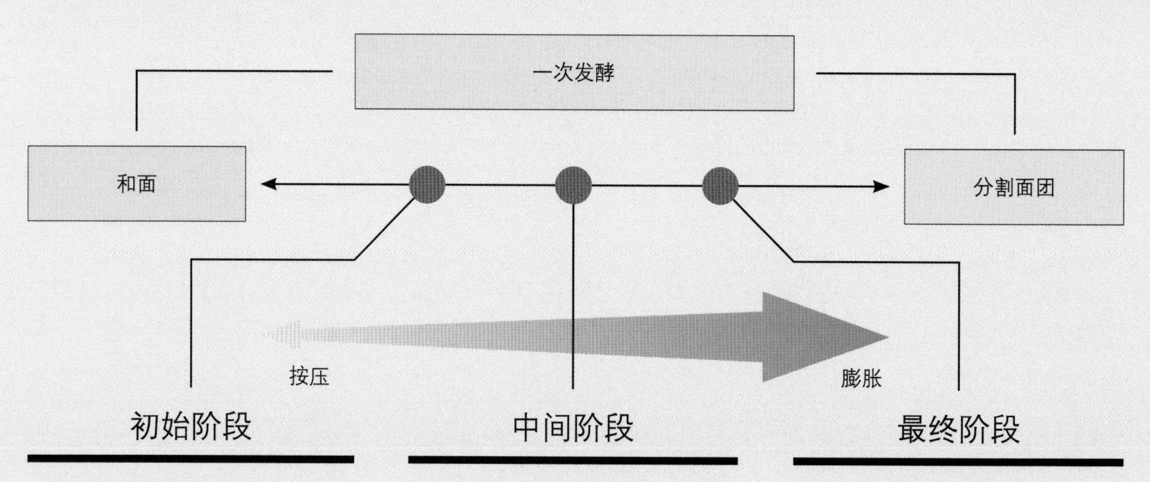

刚刚和好面的阶段，面团内还没有形成气泡，这个时候进行再次和面是为了强化谷蛋白。

强化谷蛋白，同时酵母发挥作用，面包的气泡变多就是二氧化碳正在增多的证据。酵母从乳酸发酵切换至酒精发酵，因而活性降低，为了再次引发乳酸发酵，需要再次和面去除面团中的二氧化碳。

强化谷蛋白并增强酵母活性。由于和面完成后的外部环境温度和面团温度是有差异的，并且这种差异在一次发酵的后半段逐渐变得明显起来，所以气泡的大小也开始出现差异。这时重复将内侧面团向外折叠再按压，不断重复这些动作就是为了促进温度的均一化和气泡的均匀化。

分割面团、成型

为了统一每块面团的大小、形状和重量，并同时统一在一次发酵时出现差异的气泡大小和谷蛋白结构的松弛程度，我们要将谷蛋白的结构统一成方便我们进行最终定型的方向，并且使面团紧实到能承受住成型时挤压面团的力量。

醒面

使在上一道工序中被均匀化的气泡再次出现差异且变大，同时使强度增大的谷蛋白再次松弛。这样面团就能够达到易于延展、成型的状态。醒面就是为了此目的而再次使面团变得松弛的过程。

最终发酵

和一次发酵的过程很像。将在成型阶段统一好的气泡及谷蛋白再次延展，是能够决定面包口感、风味、香气的最后一道工序。

烘焙

烘焙过程应该分为延展面团的时间和固定面团的时间来考虑。在最终发酵中面团能够膨胀到什么程度（膨胀度）是根据发酵温度和时间来决定的。我们这里所说的面团是指刚和好的还没有气泡的面团。如果将此面团大小视为 1，那么最终发酵时面团膨胀度可以用下图来表示。

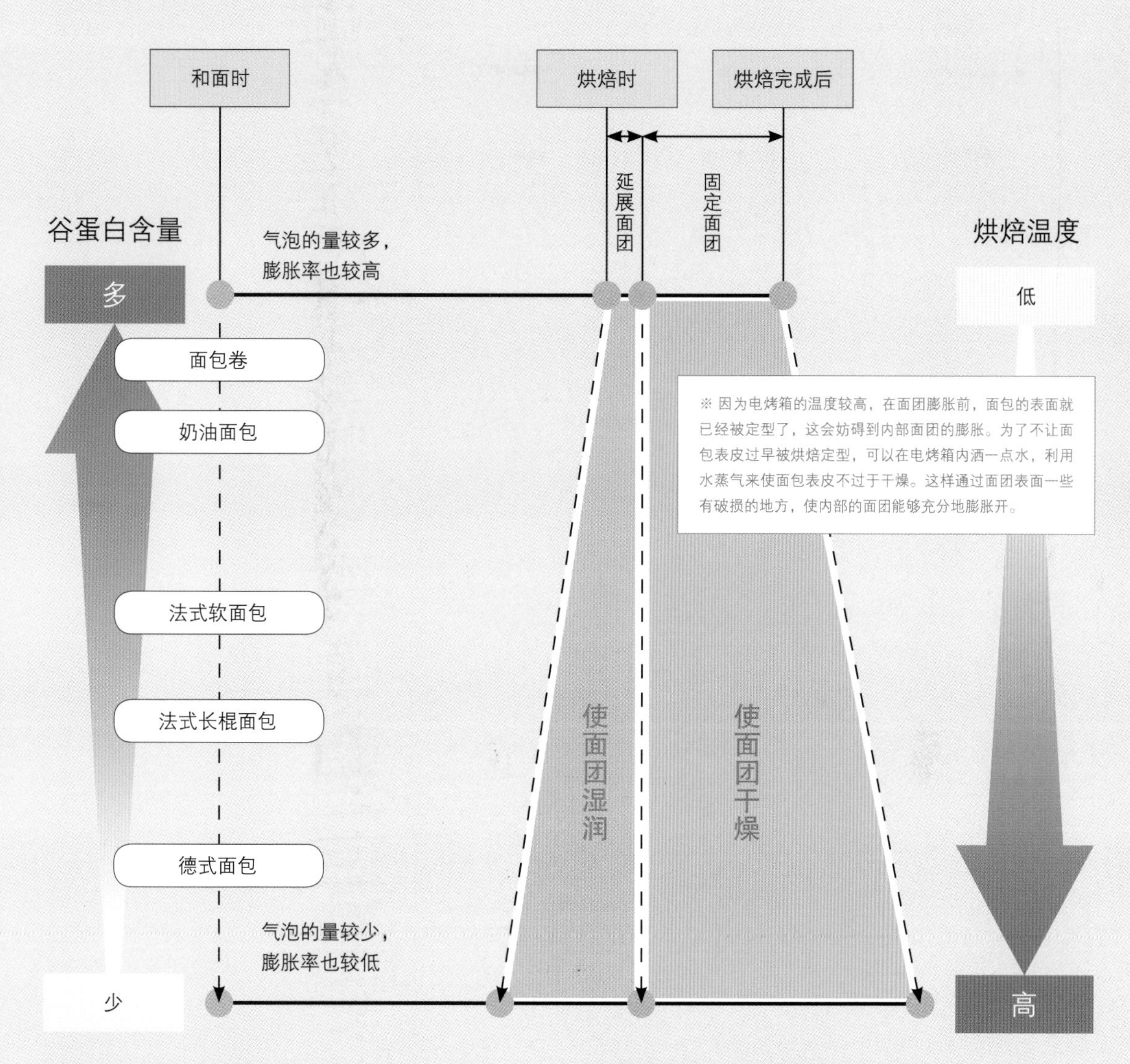

在和面时谷蛋白含量较高的面团

在最终发酵时使面团充分膨胀，待谷蛋白松弛之后再进行烘焙。因为面团已经变成了很薄的膜状，所以烘焙温度较低。首先，烘焙时谷蛋白（蛋白质）因为热变性被破坏，面包的结构得以固定，然后在气泡的导热性作用下使面团再次得到膨胀。淀粉受热会变成糊状，并且其中包含着水分，所以只要很短的时间就可以烘焙完成。

在和面时谷蛋白含量较低的面团

在最终发酵时不需要让面团充分膨胀，待谷蛋白略略松弛、表面出现些许破损时就可以进行烘焙了。因为面团是较厚的膜状，所以烘焙温度较高。热量不易传导到面团里，谷蛋白（蛋白质）也不易被破坏，面包结构的固定就需要花比较长的时间。热量也不易传导至气泡，所以面团膨胀速度较慢，淀粉仍然是受热变成糊状，其中包含着水分，需要较长时间才能完成烘焙。

使用高筋面粉

面团韧性很强，但面团本身延展性不好。面包制作完成后形状固定，表皮较硬，但面包中心部分又十分蓬松。其特征在于即使剥开面包表皮，也不容易撕开整个面包。

利用主料制作的白面包

使用中筋面粉

因为面团较为柔软，所以延展性很好，在发酵过程中会发生面团破损等现象。面包内部有大大小小的气泡，口感松软，但由于气泡分布不均，导致面包口感也会有所不同。

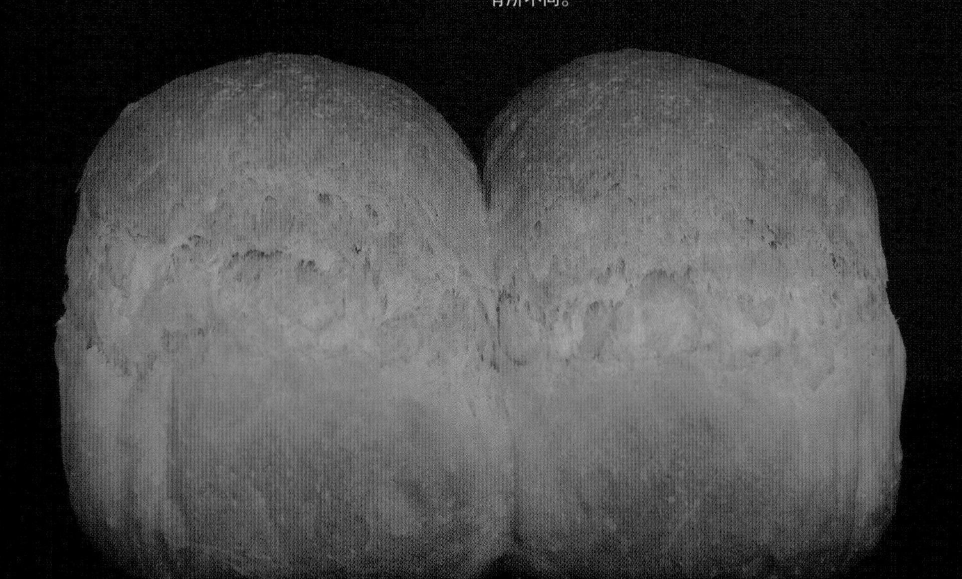

高筋面粉（Super Camellia）	200g	100%
*下列物品可以装在塑料袋里称量。		
天然有机酵母	1.6g	0.8%
盐	3.6g	1.8%
水	144g	72%
合计	349.2g	174.6%

和面搅拌

面团温度 27℃

↓

一次发酵

在 30℃下发酵 60 分钟→二次发酵→在 30℃下再发酵 30 分钟

↓

分割面团

将面团 2 等分

↓

醒面

在 28℃下放置 20 分钟

↓

成型

↓

最终发酵

在 35℃下发酵 70 分钟

↓

烘焙

在 200℃下烘焙 10 分钟（蒸汽模式下）→翻面→在 200℃下再次烘焙 13 ~ 15 分钟（非蒸汽模式下）

材料

可用于制作1个（大烘焙模具）面包

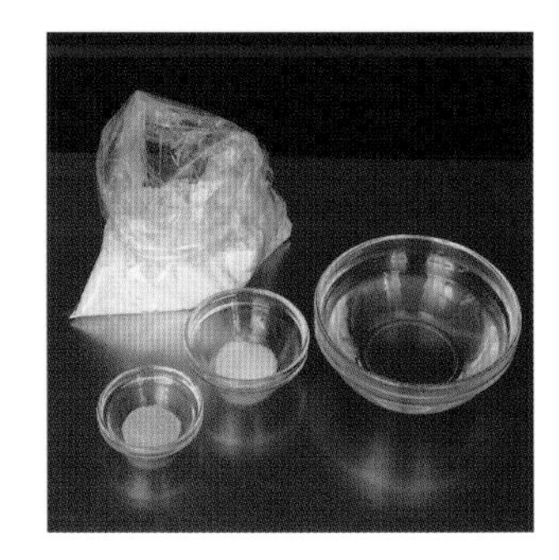

中筋面粉（Type ER）	200g	100%
*下列物品可以装在塑料袋里称量。		
天然有机酵母	1.6g	0.8%
盐	3.6g	1.8%
水	144g	72%
合计	349.2g	174.6%

工序

和面搅拌

面团温度 27℃

↓

一次发酵

在 30℃下发酵 60 分钟→二次发酵→在 30℃下再发酵 20 分钟

↓

分割面团

将面团 2 等分

↓

醒面

在 28℃下放置 10 分钟

↓

成型

↓

最终发酵

在 35℃下发酵 50 分钟

↓

烘焙

在 200℃下烘焙 10 分钟（蒸汽模式下）→翻面→在 200℃下再次烘焙 13 ~ 15 分钟（非蒸汽模式下）

使用高筋面粉

在碗里放入盐、水，用硅胶铲充分搅拌，使盐溶于水。

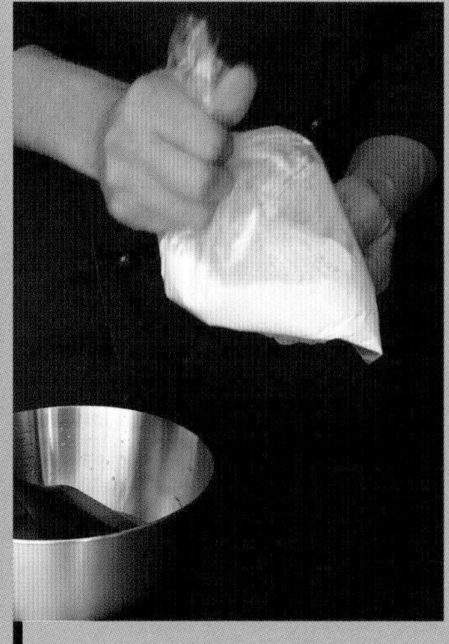

将天然有机酵母放入装满面粉的塑料袋中，摇晃塑料袋使其混合。然后将袋中的面粉倒入碗里。

比起将水一点点倒入面粉中，将面粉倒入水里要更容易和一点。

和面

在碗里放入盐、水，用硅胶铲充分搅拌，使盐溶于水。

将天然有机酵母放入装满面粉的塑料袋中，摇晃塑料袋使其混合。然后将袋中的面粉倒入碗里。

使用中筋面粉

比起将水一点点倒入面粉中，将面粉倒入水里要更容易和一点。

和面之前，要不断用硅胶铲从盆底铲起未混合充分的面粉，使其充分混合。

充分搅拌一段时间后的状态，不过此时的面团还是未能充分混合的半混合状态。

和面至下图状态需不少时间。制作此种面包时不管用高筋面粉还是中筋面粉，面粉和水的量是一样的，不过高筋面粉的面团较硬，和面的时间也就相对较长。

和面至只有少量面团粘在塑料锅铲上，之后将面团放到案板上。

和面至只有少量面团粘在塑料锅铲上，之后将面团放到案板上。

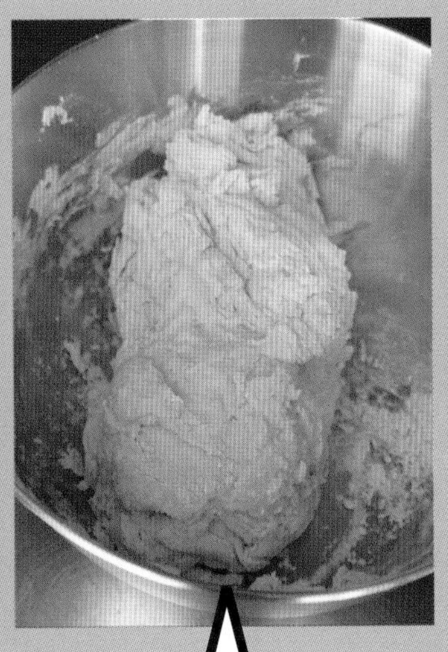

和面之前，要不断用硅胶铲从碗底铲起未混合充分的面粉，使其充分混合。

充分搅拌一段时间后的状态，此时面团基本混合完毕了。

面粉和水可以很快充分混合。面粉和水的用量和使用高筋面粉时一样，不过中筋面粉的面团较软，和面的时间也就相对较短。

因为面团本身较硬，可以用手掌部分用力揉压面团。

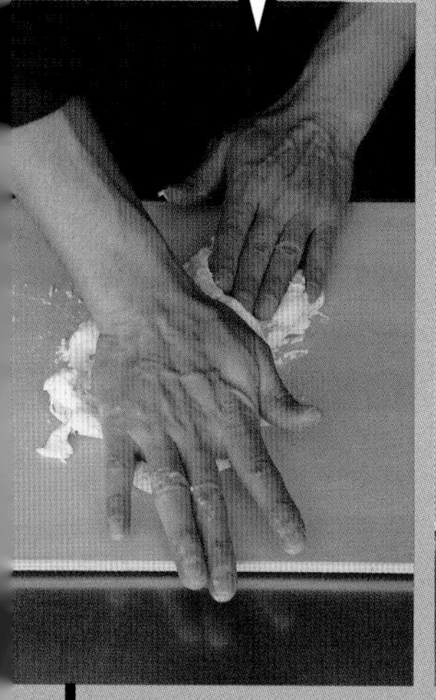

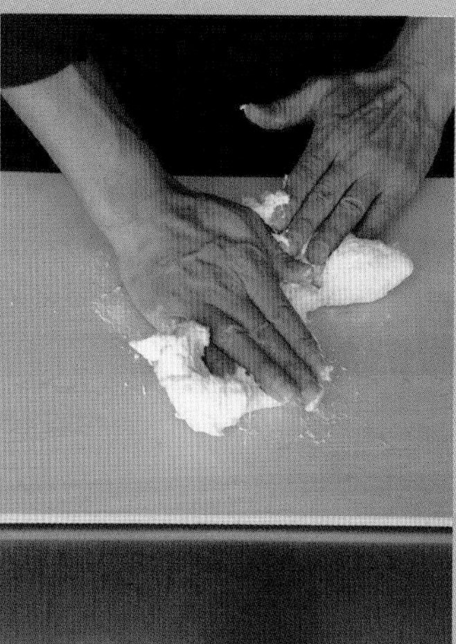

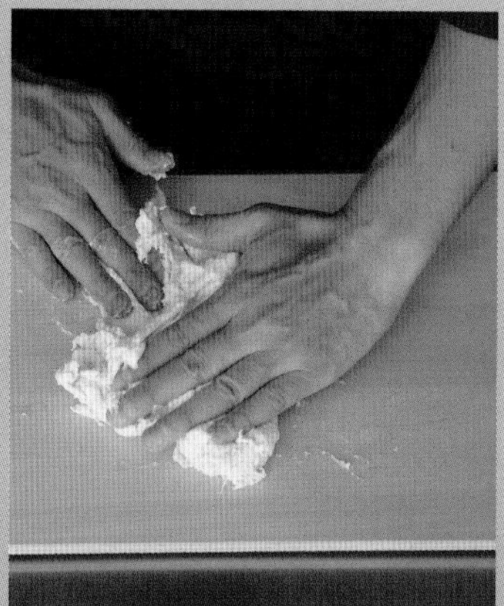

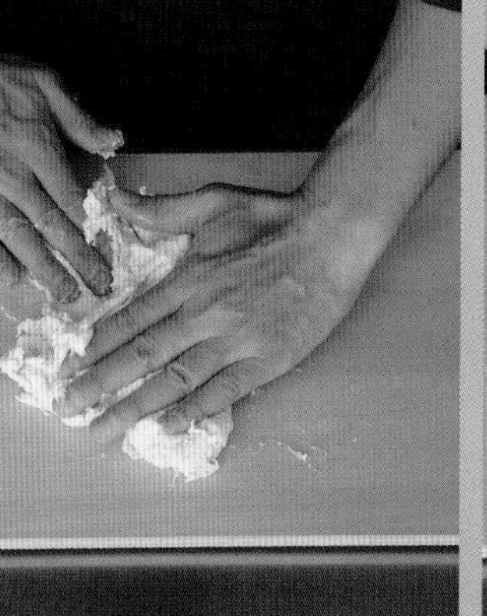

一边用指尖和匀面疙瘩，一边将面团呈八字形延展开。

利用刮板将面团收拢至案板中央区域。

一边用指尖和匀面疙瘩，一边将面团延展开。

利用刮板将面团收拢至案板中央区域。

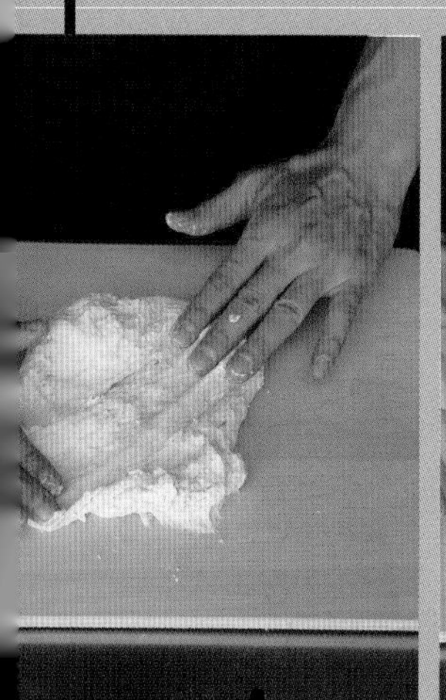

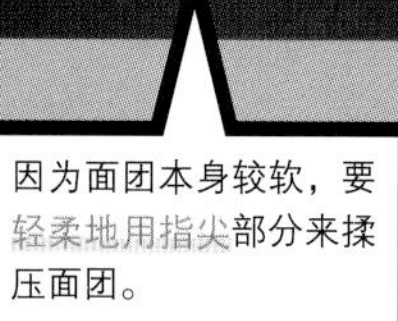

到这一步骤，始终都要轻柔地处理面团。

这一步骤的要领在于像用毛巾使劲擦手一样搓揉面团。

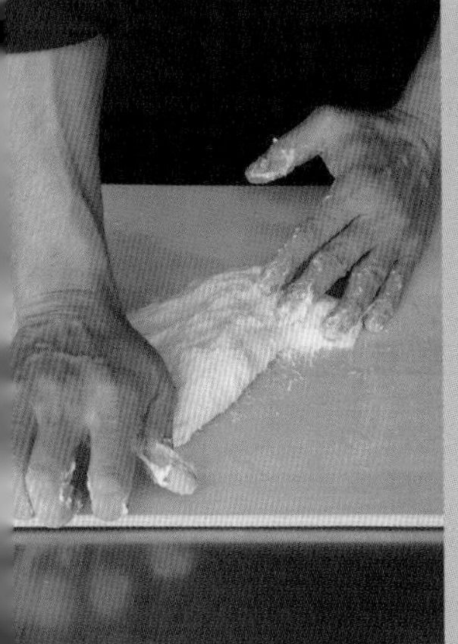

用手掌根部延展面团，然后将面团对折，如此反复 20 遍。

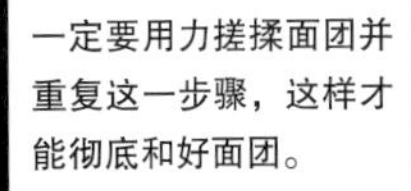

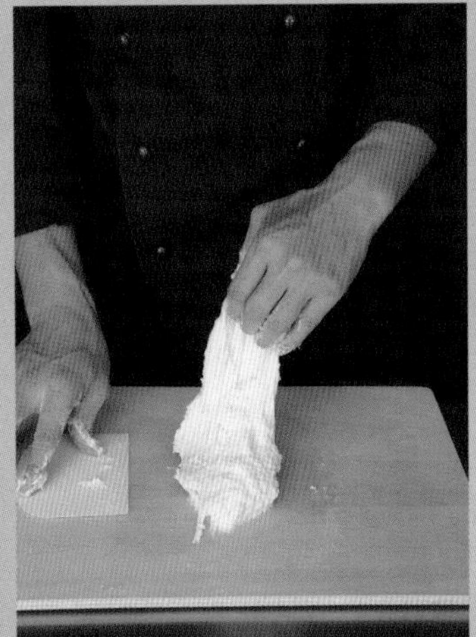

将面团摔打在案板上，然后将面团折叠，翻面，反复6次，此为1组，反复做6组。每组摔打面团的力量按弱→强、弱→强来交替进行。

将面团摔打在案板上，然后将面团折叠，翻面，反复6次，此为1组，反复做3组。每组摔打面团的力量按弱→强、弱→强来交替进行。

使用中筋面粉制作的面团不能多次摔打。一旦摔打过度，会破坏面团结构，一定要注意这一点！

和面完成！面团十分筋道，下图展现了整个面团收拢得很好的样子。

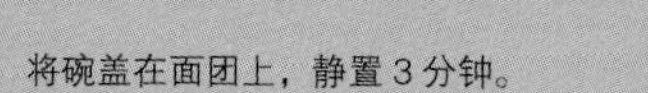

将碗盖在面团上，静置 3 分钟。

使劲折叠面团。

对折面团，并将边角部分的面团折进来。

再使一点劲。

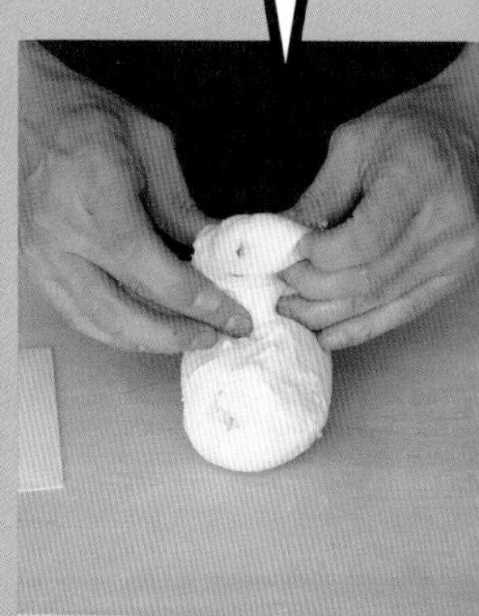

将面团翻面，再次对折，并将边角部分的面团折进来。

将碗盖在面团上，静置 3 分钟。

将面团在案板上摔打，然后对折。

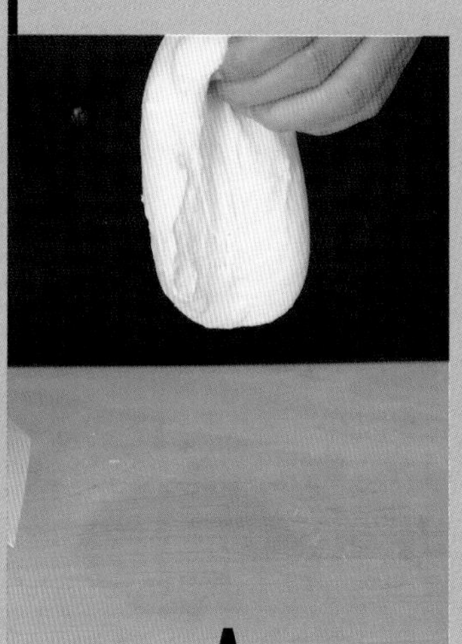

只是这样拿起面团，面团就会自然向下延展。

一定要用轻柔的力量去处理面团。

和面完成！面团略微有些柔软，上图中的面团略有些横向延展。

因为面团本身没什么黏性，所以不会粘在手上。

因为面团本身比较筋道，所以中心部分会圆圆地膨胀起来。

发酵前

面团温度

27℃

双手将面团收拢成圆团状，放入发酵容器中。

在 30℃下发酵 60 分钟。

一次发酵

在 30℃下发酵 60 分钟。

将面团翻面，再次摔打在案板上后对折。用双手将面团收拢成圆团状，放入发酵容器中。

面团温度

27℃

发酵后

面团本身比较柔软，将其从案板上拿起来时会如图一样延展开。

面团黏性较大，放入容器时容易粘在手上，所以这一过程重在快速。

因为面团本身比较柔软，所以整个面团都缓缓地膨胀起来。

在发酵容器里撒上薄薄的一层面粉，然后迅速将刮板插入容器边缘，这样就能完好地取出面团。

稍稍使点劲，略微拉一下面团，从容器中取出面团。

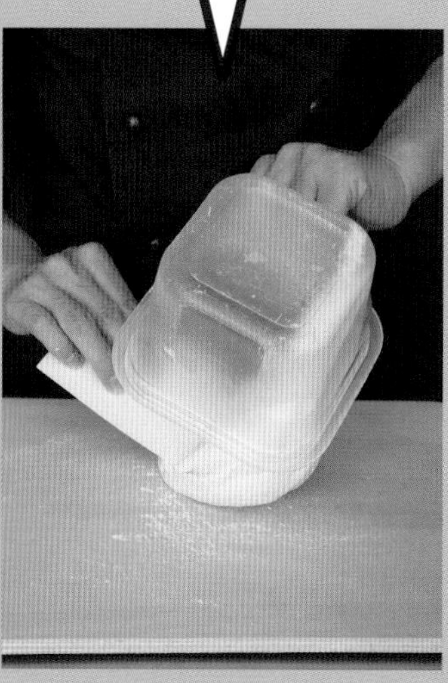

在手上撒少许面粉即可。

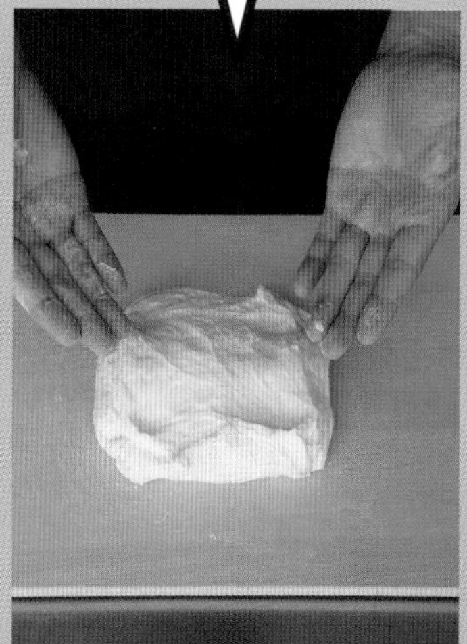

在案板和发酵容器的四周都撒上一层薄薄的面粉。用刮板插入容器边缘，将取出的一次发酵后的面团放在案板上。

在指尖沾一些面粉，然后将面团向四周延展成方形。

二次发酵

在案板和发酵容器的四周撒上较多的面粉。用刮板迅速插入容器边缘，倒置容器，将一次发酵后的面团倒在案板上。

在指尖沾一些面粉，然后轻柔地将面团向四周延展成方形。边角处稍向中央折一点。

因为面团黏性较强，刮板插入容器后要迅速将面团取出。

不要用力拉拽面团，倒置容器，静静地等待面团自己掉落在案板上。

面团黏性较强，一定要在手上多抹一些面粉。

面团容易粘到手上，所以不要过多揉搓面团。

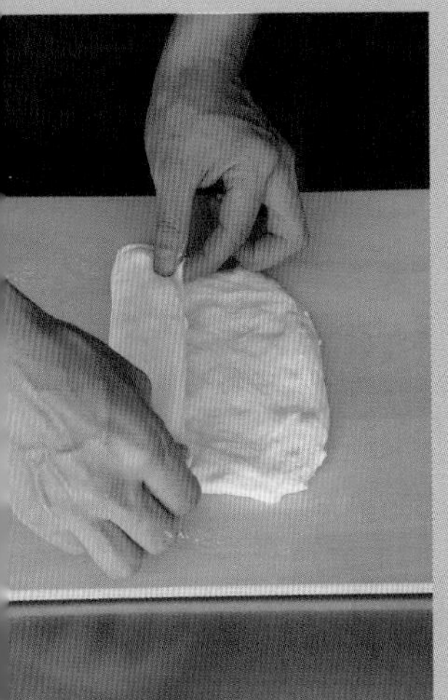

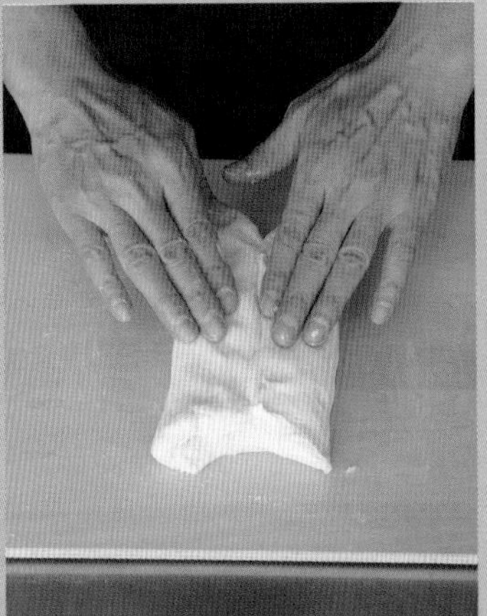

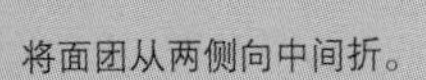

将面团从两侧向中间折。

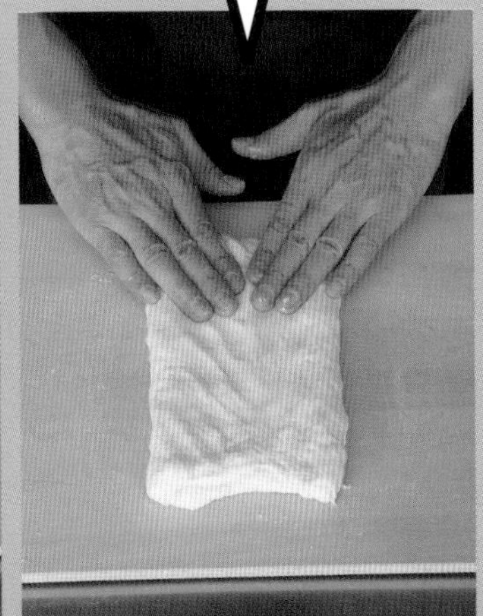

以能在面团上留下手指痕迹为标准用力挤压面团。

轻轻地挤压面团，去除面团里的气泡。

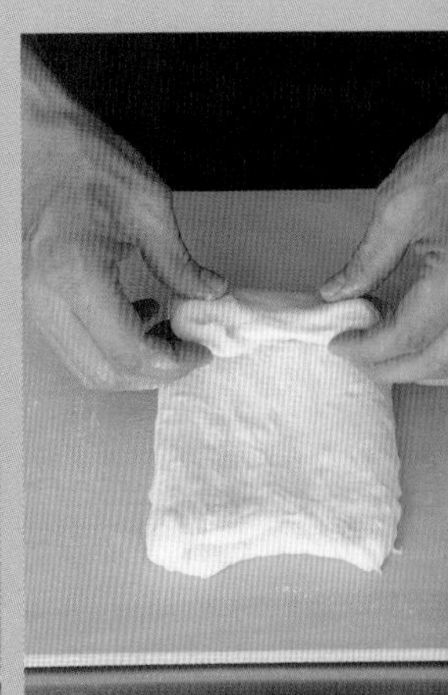

从靠近身体一侧将面团向前折叠。

稍稍去掉一些面团上的面粉，轻轻地挤压面团，去除气泡。

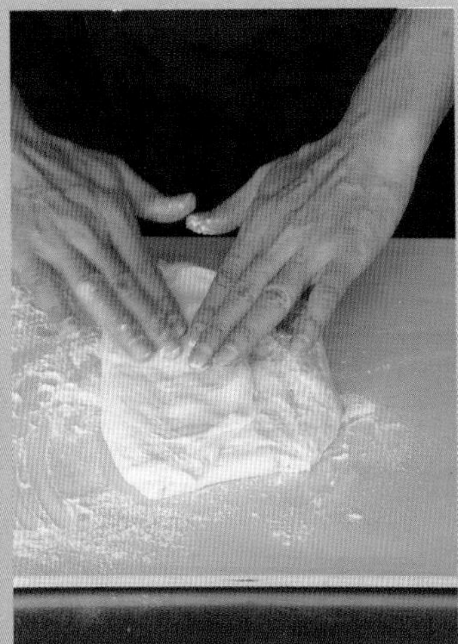

以纵向3等分为准，将面团左右两侧向中间折，然后轻轻敲打面团使其均匀。

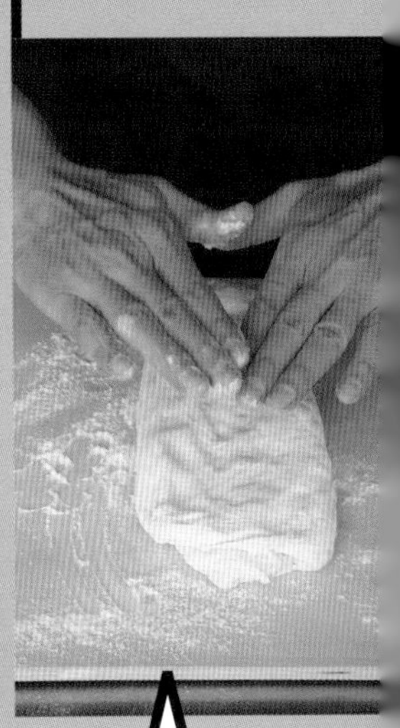

以能在面团上留下手指痕迹为标准轻柔地挤压面团。

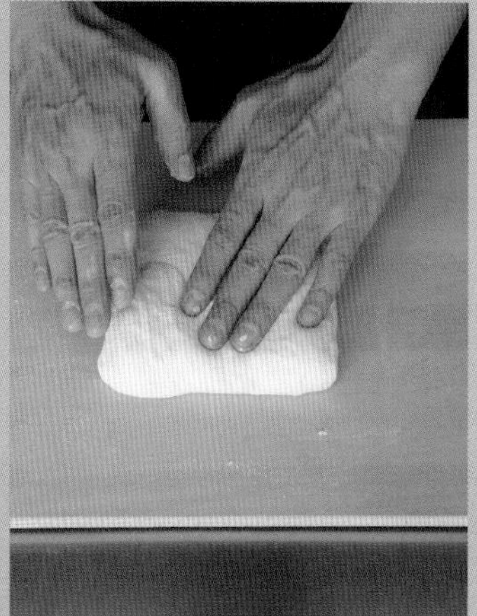

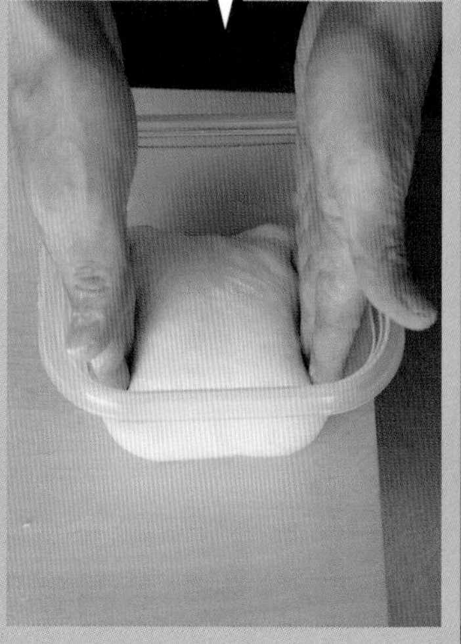

从另一侧将面团向中间折叠。接口处要用力按压紧实。
将面团有接口的一面向下放入发酵容器中。

在 30℃下发酵 30 分钟。

在 30℃下发酵 20 分钟。

稍微去掉一些粘在面团上的面粉，将面团从上下两侧向中间折叠，并以接口处向下的状态将面团放在双手上，双手托举面团，将左右两侧的面团微微向底部折进去一些，使其成型，然后轻轻放入发酵容器中。

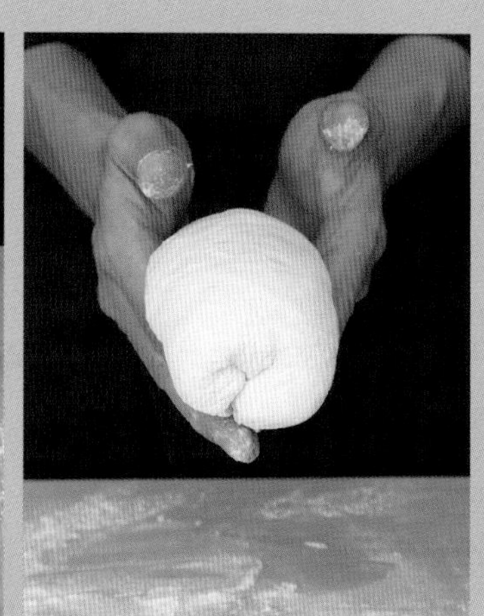

面团比较筋道，如果没有长时间发酵，面团会一直保持紧绷的收拢状态，而不能膨胀开。

稍稍使点劲，略微拉一下面团，从容器中取出面团。

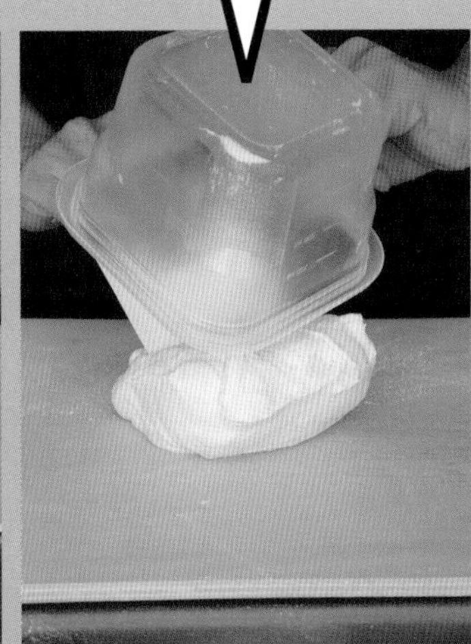

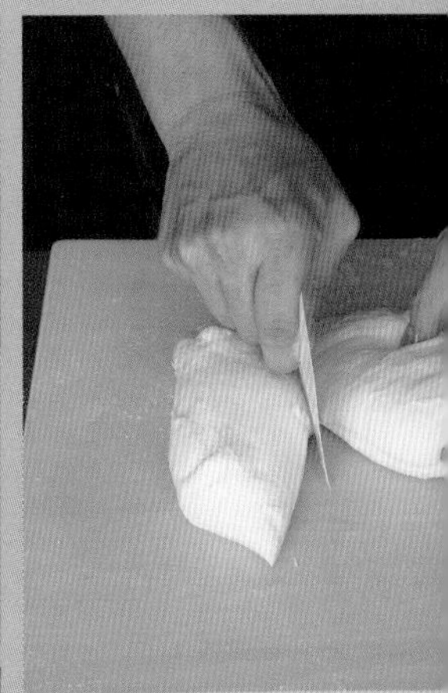

在案板和容器中面团四周轻轻撒上一点面粉。

将刮板插入容器边缘，从容器中取出面团后放在案板上。

用刮板将发酵好的面团切割成两半。

分割面团

在案板和容器中面团四周撒上较多的面粉。

将刮板迅速插入容器边缘，然后倒置容器，将面团倒在案板上。

用刮板将发酵好的面团切割成两半。

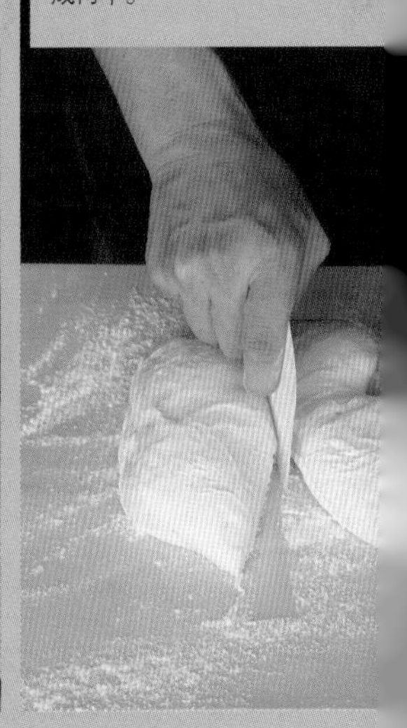

面团很柔软，所以容易膨胀开。如果发酵时间过长，可能导致面团失去黏性，变得软趴趴的。

不要用力拉拽面团，倒置容器，静静地等待面团自己掉落在案板上。

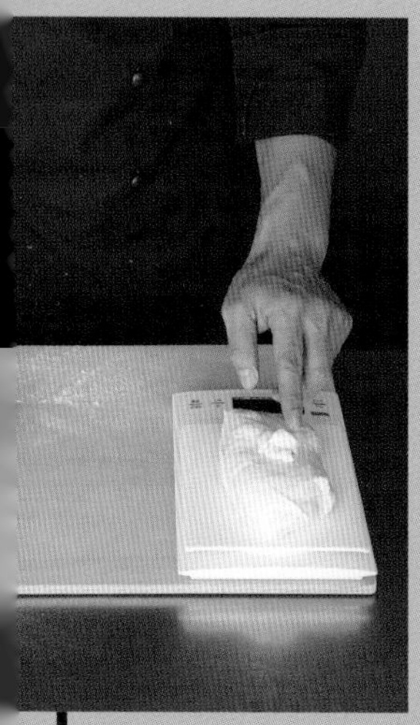

在称重计上称一下，使两块面团的重量一样。

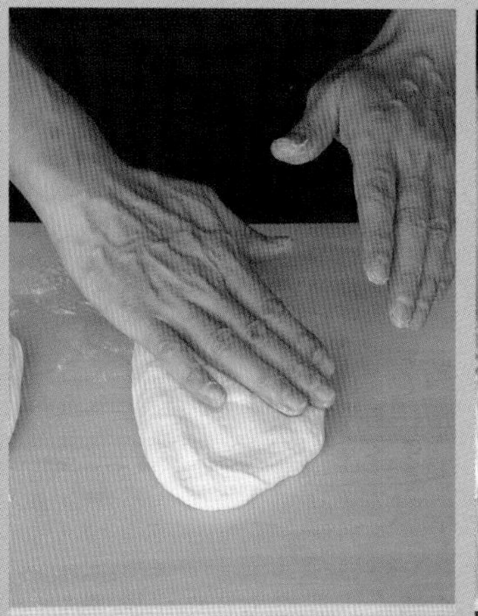

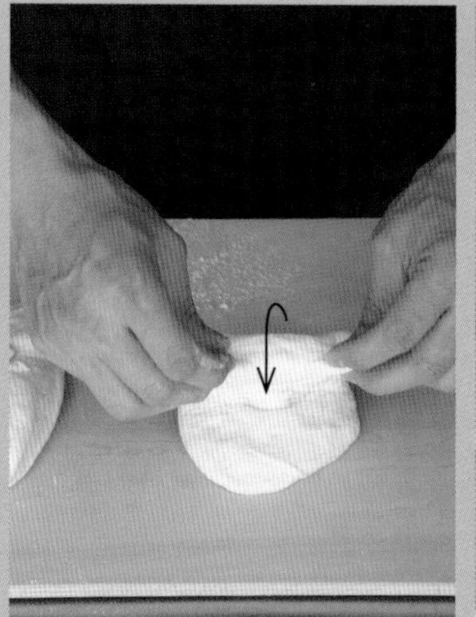

轻轻按压面团，使其延展开。然后从靠近身体的一侧向前折叠 2 次。

改变面团方向，再折叠 1 次。

在称重计上称一下，使两块面团的重量一样。

从靠近身体的一侧将面团向前折叠 2 次，接口处向上。

改变面团方向，再折叠 1 次。

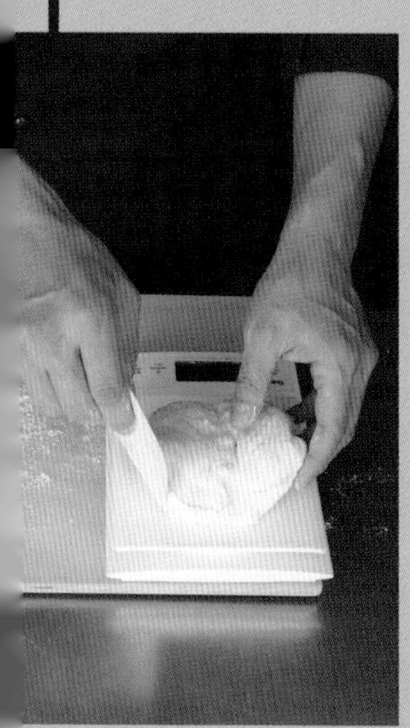

因为面团本身比较柔软，不用特意延展面团也可以。

使劲将面团的形状整理好看。

将面团的形状整理好。另一块面团也要进行同样的处理。

因为面团本身较硬，所以要花较长时间来醒面。

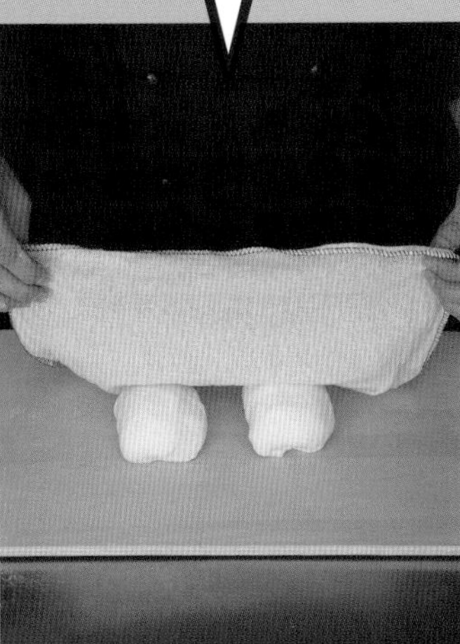

在面团上盖上略微沾湿的纱布，在 28℃下醒面 20 分钟即可。

即便用力面团也不容易延展的状态。

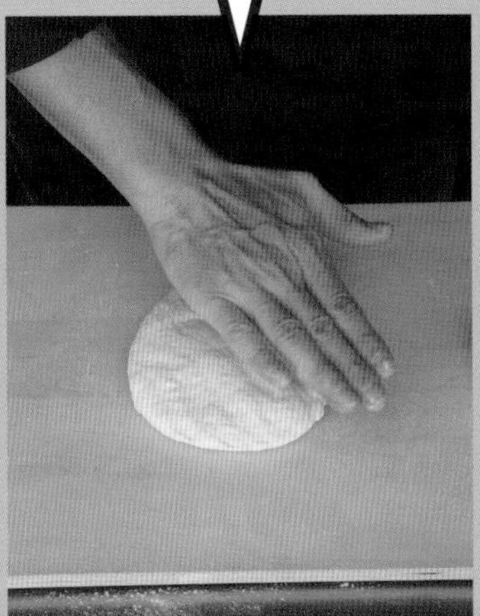

接口处向上放置，然后用手将面团延展成圆形。

折叠 2 次后面团的硬度就很大了。下图是第一次折叠时的状态。

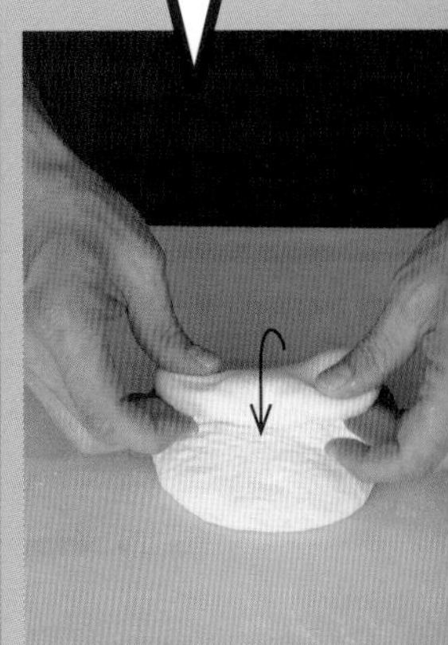

从靠近身体一侧开始向前折叠 2 次。

醒面

成型

将面团的形状整理好。另一块面团也要进行同样的处理。

轻轻用力地将面团的形状整理好看。

在面团上盖上略微沾湿的纱布，在 28℃下醒面 10 分钟即可。

面团本身很柔软，稍微醒一下面，面团的状态就很松弛了。

在案板上撒上一点面粉，将面团翻个面，然后用手掌轻轻地按压面团，将其延展成圆形。

因为面团黏性很大，所以要撒上一点面粉，再轻轻地延展面团。

从远离身体的一侧向里折叠 2 次，然后用手按压一下接口处。

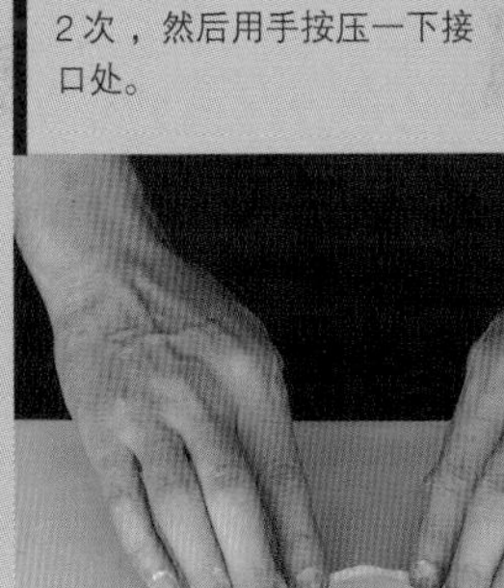

第二次整形。

用力将面团形状整理成球状。

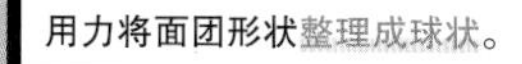

如下图一样的球状即可。

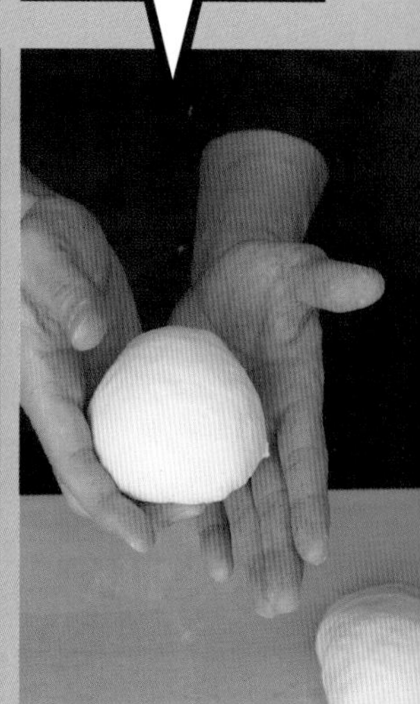

改变方向，再次将面团折叠 2 次。

面团放在手上，将不圆滑的接口处向底部折 6 ~ 7 次，使整个面团规整好看。

面团旋转 90°，并用手掌轻轻按压整个面团，重复 4 次。

将面团四角分别向内折叠，四角重叠的接口处向面团内部挤压，使其被掩藏在面团内部。

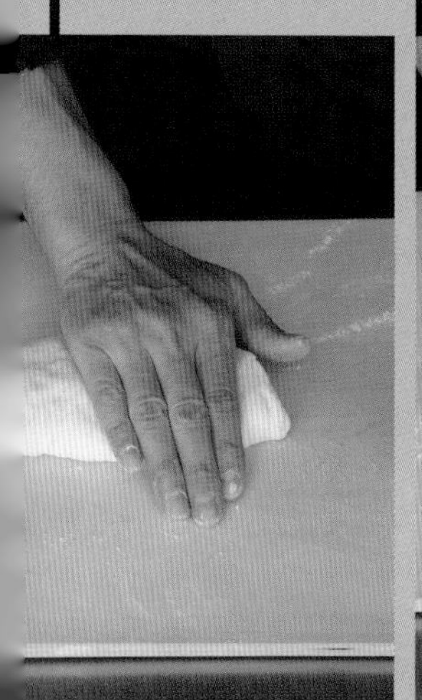

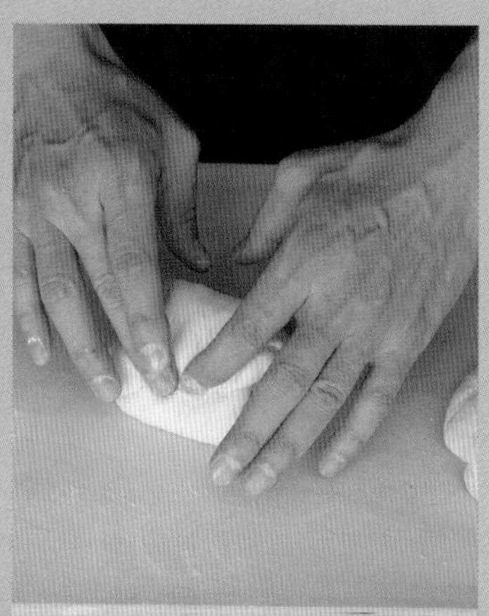

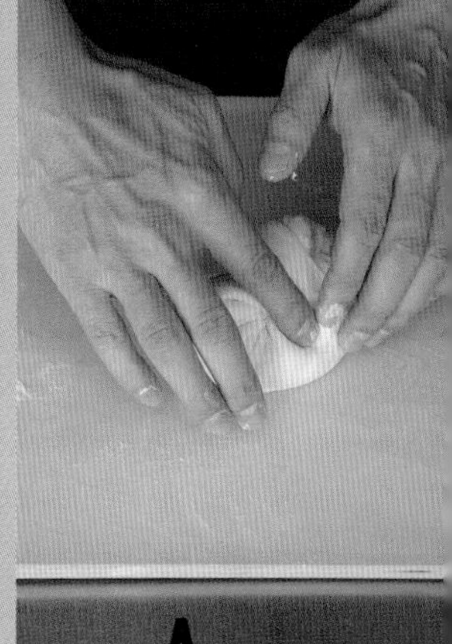

轻轻地将面团四角折叠进去，面团的硬度会得到很大的改善。

将接口处向面团内部挤压时一定要迅速，这样面团会更加筋道。否则面团容易变软，没有嚼劲。

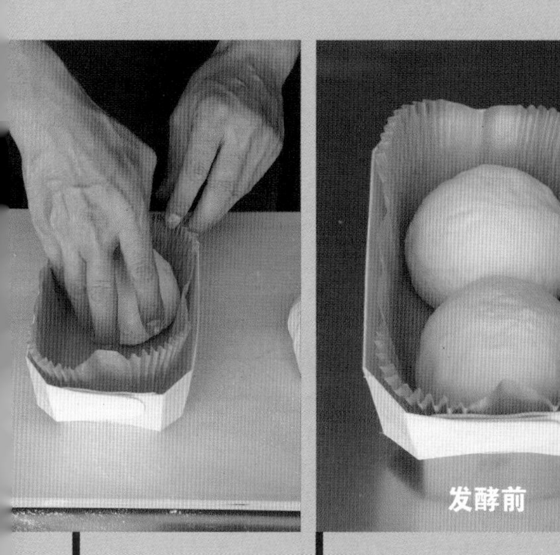

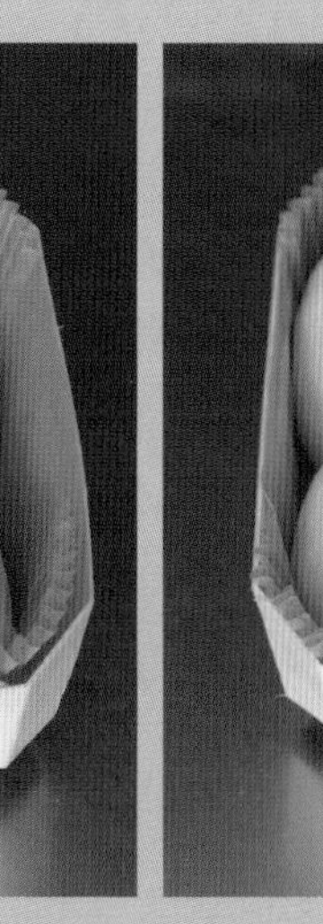

面团很筋道，硬度大，必须经过长时间的发酵才能膨胀。

将接口处向下放入烘焙模具中。另一块面团也用同样的处理方式。

在35℃下发酵70分钟。

将发酵完成的面团放入预热好的电烤箱下层，在200℃的蒸汽模式下烘焙10分钟。然后调换一下面包放置的方向，在200℃的非蒸汽模式下再烘焙13～15分钟。

最终发酵

烘焙

将接口处向下放入烘焙模具中。另一块面团也用同样的处理方式。

在35℃下发酵50分钟。

将发酵完成的面团放入预热好的电烤箱下层，在200℃的蒸汽模式下烘焙10分钟。然后调换一下面包放置的方向，在200℃的非蒸汽模式下再烘焙13～15分钟。

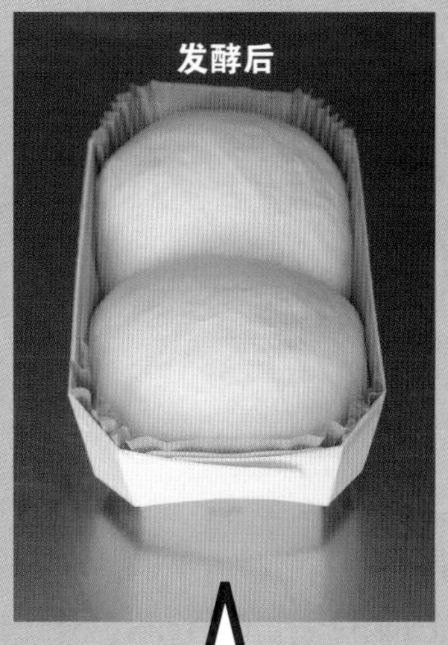

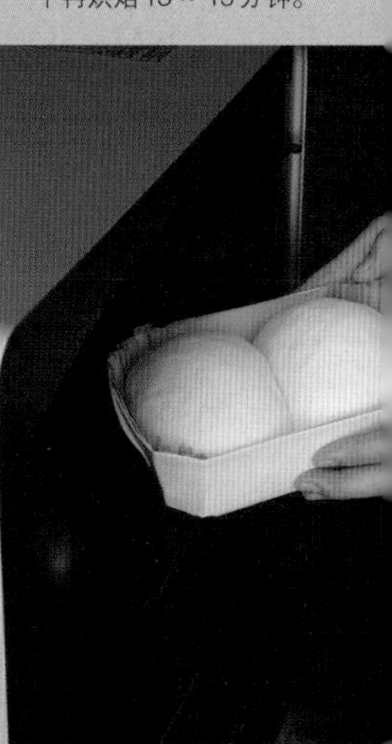

面团本身黏性很强，也很柔软，所以只要很短的时间就能够充分膨胀。

使用高筋面粉

和白面包的特点差不多。面团韧性较好，但延展性相对较差。面包制作完成后形状固定，表皮较硬，但面包中心部分又十分蓬松。即使剥开面包表皮，也不容易撕开整个面包。

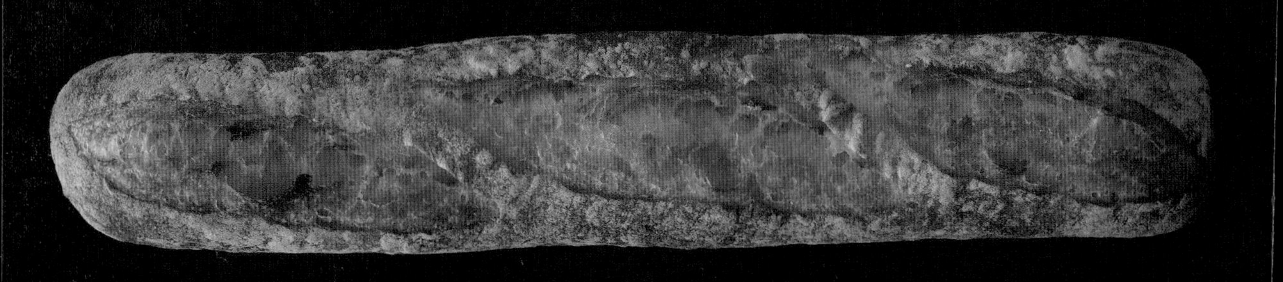

利用主料制作的法式长棍面包

使用中筋面粉

因为面团较为柔软，延展性很好，在发酵过程中会发生面团破损等现象。面团内部有大大小小的气泡，所以面包很有嚼劲，但口感并不均匀。

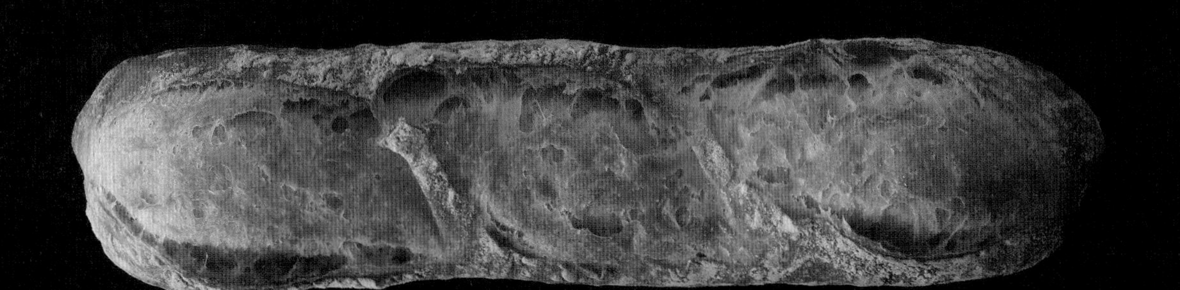

高筋面粉（Super Camellia）	200g	100%
* 下列物品可以装在塑料袋里称量。		
天然有机酵母	0.4g	0.2%
老面	40g	20%
* 在制作面包的前一天，将从和面到一次发酵完成后的 1 小块面团放入冰箱中，使用前在室温下静置 15 分钟左右，这块面团即老面。没有用完的老面也可以成型后进行烘焙。		
盐	4g	2%
水	150g	75%
合计	394.4g	197.2%

和面搅拌

面团温度 23℃

↓

一次发酵

在 28℃下发酵 40 分钟→用塑料袋密封后放入冰箱中冷藏

↓

分割面团

将面团 2 等分

↓

醒面

在 28℃下放置 20 分钟

↓

成型

↓

最终发酵

在 28℃下发酵 40 分钟

↓

烘焙

电烤箱预热至 250℃→在 220℃下烘焙 7 分钟（蒸汽模式下）→翻面→在 250℃下再次烘焙 20 ~ 25 分钟（非蒸汽模式下）

材料 可用于制作 2 根 30 ~ 35cm 长的法式长棍面包

工序

中筋面粉（Type ER）	200g	100%
* 下列物品可以装在塑料袋里称量。		
天然有机酵母	0.4g	0.2%
老面	40g	20%
盐	4g	2%
水	150g	75%
合计	394.4g	197.2%

和面搅拌

面团温度 23℃

↓

一次发酵

在 28℃下发酵 20 分钟→二次发酵→在 28℃下再发酵 20 分钟→三次发酵→用塑料袋密封后放入冰箱中冷藏

↓

分割面团

将面团 2 等分

↓

醒面

在 28℃下放置 10 分钟

↓

成型

↓

最终发酵

在 28℃下发酵 20 分钟

↓

烘焙

电烤箱预热至 250℃→在 220℃下烘焙 7 分钟（蒸汽模式下）→翻面→在 250℃下再次烘焙 20 ~ 25 分钟（非蒸汽模式下）

使用高筋面粉

在碗里放入盐、水，用硅胶铲充分搅拌，使盐溶于水。

在装满面粉的塑料袋中放入天然有机酵母，摇晃塑料袋使其混合。

提前备好的老面在室温下静置 15 分钟后，放入盆中。

将老面一点点扯碎后放入碗中。

和面

使用中筋面粉

在碗里放入盐、水，用硅胶铲充分搅拌，使盐溶于水。

在装满面粉的塑料袋中放入天然有机酵母，摇晃塑料袋使其混合。

将老面一点点扯碎后放入碗中。

提前备好的老面在室温下静置 15 分钟后，放入盆中。

面粉中谷蛋白较多，需要不断抓起面团反复揉搓才能完成和面。

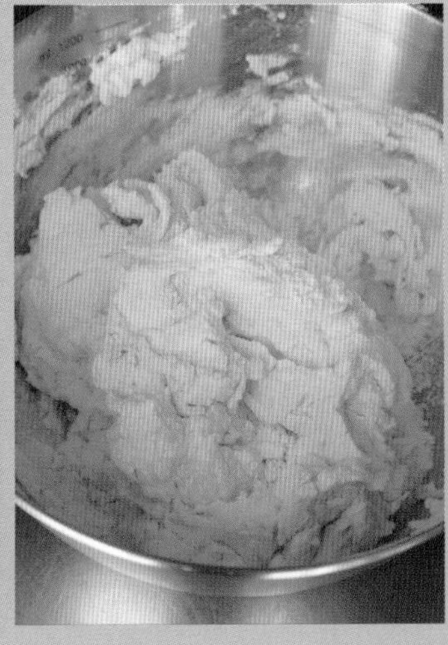

和面至只有少量面团粘在硅胶铲上。

用手抓起面团，将面团分成 2 块，然后将抓起的面团再按压到剩下的面团上。不断重复这一动作。

将面团和至只有少量粘在硅胶铲上。

用大拇指和食指捏起面团，将面团分成 2 块，然后将捏起的面团再按压到剩下的面团上。不断重复这一动作。

因为面粉中的谷蛋白较少，所以只要用拇指和食指捏起面团即可。

因为面粉和水不易混合，所以要反复和面 16 次。

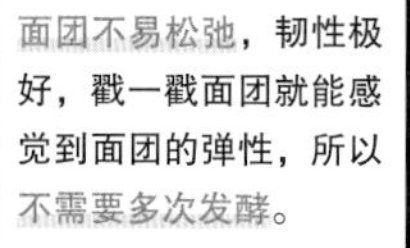

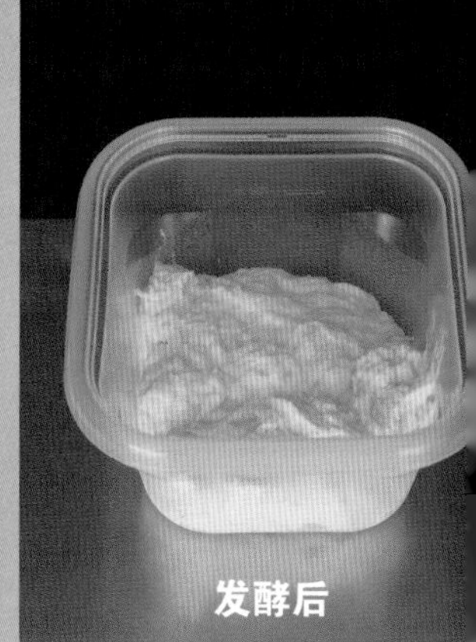

面团温度 23℃

不断重复前述和面的动作 16 次，直至碗中没有散粉为止。然后将面团放入发酵容器中。

在 28℃下发酵 20 分钟。

一次发酵

在 28℃下发酵 20 分钟。

不断重复前述和面的动作 8 次，直至碗中没有散粉为止。然后将面团放入发酵容器中。

面团温度 23℃

因为面粉和水很容易混合，所以和面的次数也较少。

面团很容易松弛。

* 使用高筋面粉的情况下无需多次发酵。

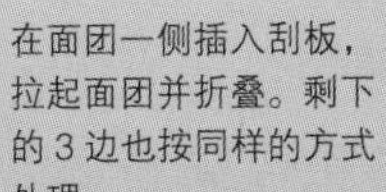

在面团一侧插入刮板，拉起面团并折叠。剩下的 3 边也按同样的方式处理。

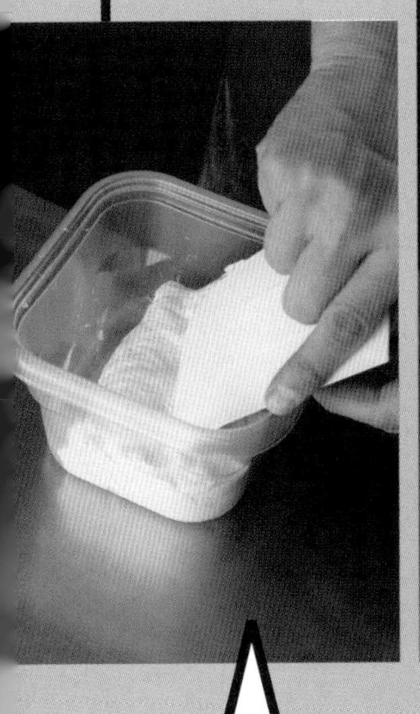

面团很容易松弛，所以这一动作要再重复一次。

盖上盖子，在 28℃下发酵 20 分钟。

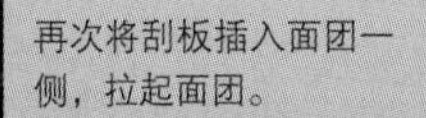

再次将刮板插入面团一侧，拉起面团。

覆盖塑料袋是防止面团在冰箱中过于干燥或变松弛。

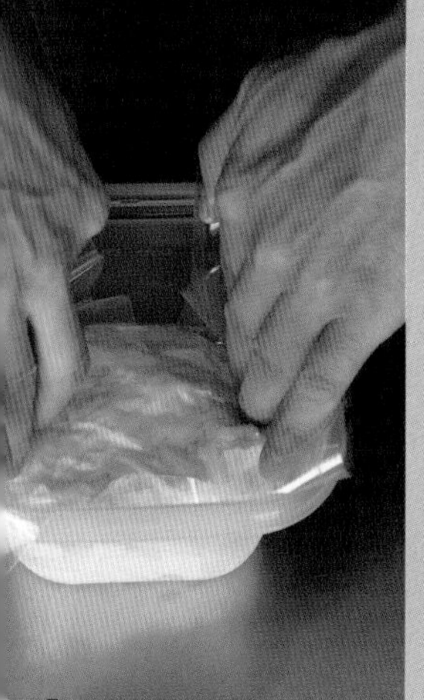

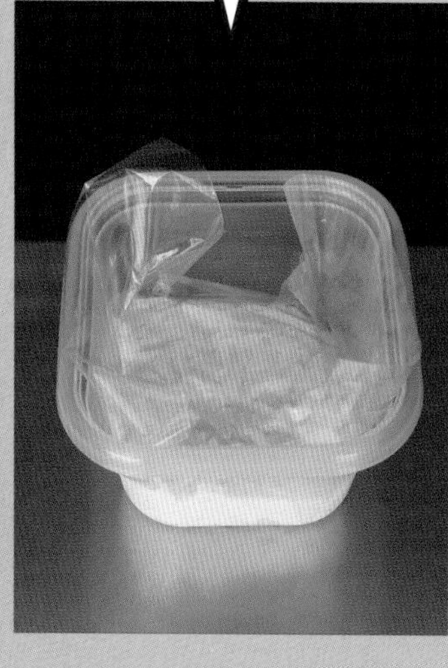

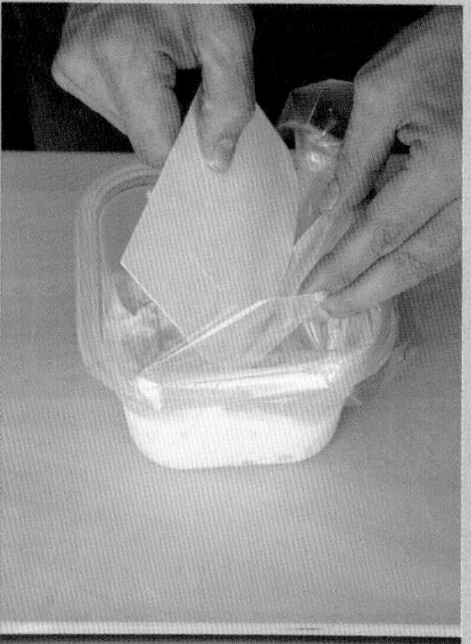

用厚厚的塑料袋覆盖在面团表面，盖上盖子，放在冰箱里静置一晚。

用刮板将粘在塑料袋上的面团一点点刮下来，然后在案板和容器四周撒上较多的面粉。

分割面团

对折面团。剩下的 3 边也进行同样的处理。

用厚厚的塑料袋覆盖在面团表面，盖上盖子，放在冰箱里静置一晚。

用刮板将粘在塑料袋上的面团一点点轻轻地刮下来。

在案板和容器四周撒上较多的面粉。

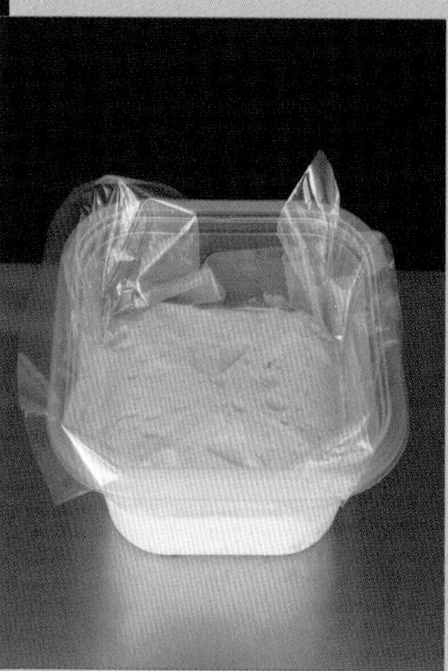

面团还不够筋道，需要继续和面。

面粉中的谷蛋白含量较少，所以面团黏性较强，在案板和面团上撒的面粉也要相对多一点。

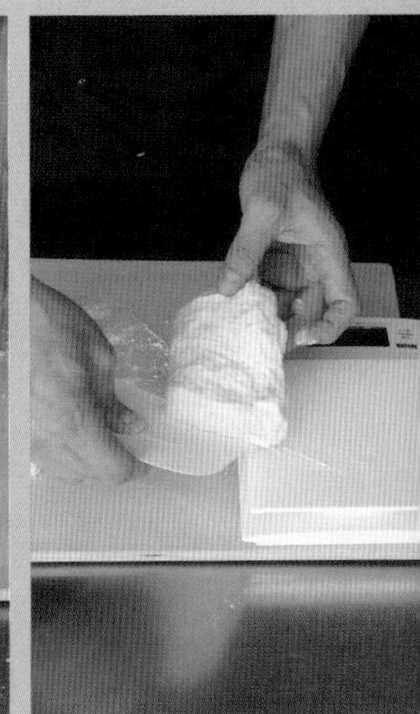

将刮板迅速地插入容器四周，倒置容器，将面团倒在案板上。

用刮板将发酵好的面团切割成两半，在称重计上称一下，使两个面团的重量一样。

将刮板迅速地插入容器的四周，倒置容器，将面团倒在案板上。

用刮板将发酵好的面团切割成两半，分别放在称重计上称一下，使两块面团的重量一样。
为了调整两块面团的重量，切下来的小面团可以整理成细长条状，粘在大面团的中央。

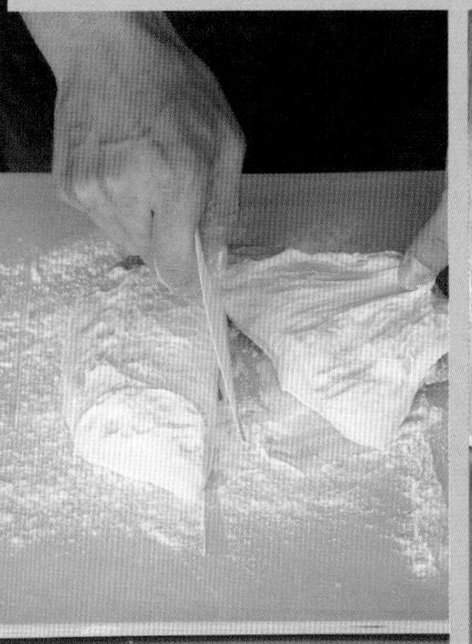

因为面团黏性较大，很容易粘到刮板上，所以插入刮板的动作一定要迅速干脆！

为了调整两块面团的重量，切下来的小面团可以整理成细长条状，粘在大面团的中央。

为了不露出切面，从右侧折叠一下面团。

接口处向下放置。另一块面团也是一样的处理方式。

捏起靠近外侧的面团，轻轻折入面团 1/3 处。

为了不露出折叠的接口，再一次折叠。另一块面团也是同样的处理方式。

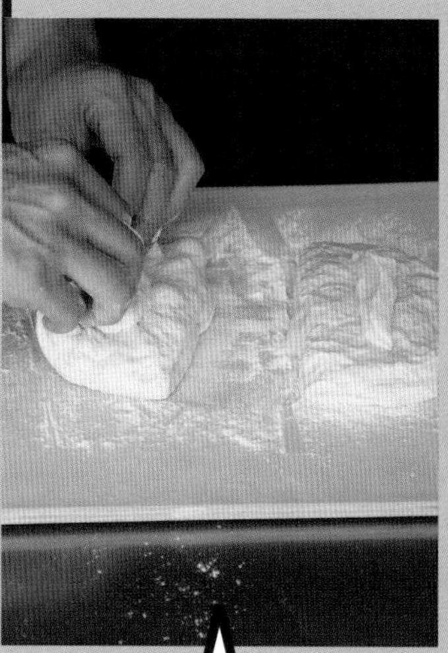

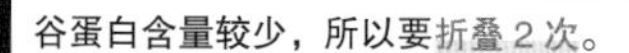

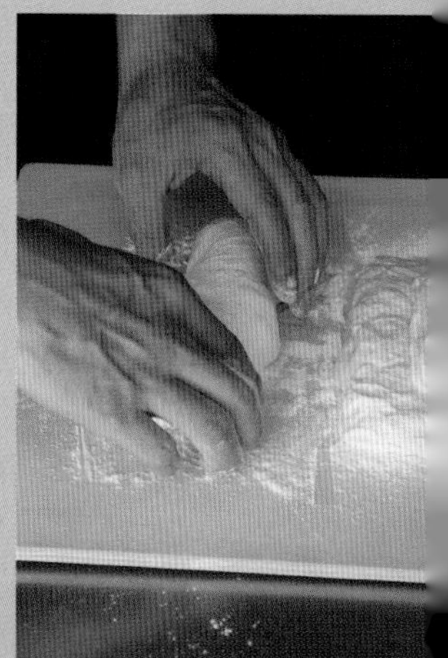

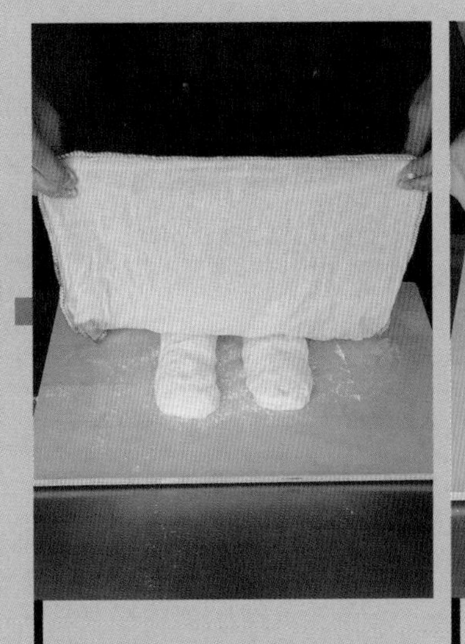

在面团上盖上略微沾湿的纱布，在 28℃下醒面 20 分钟即可。

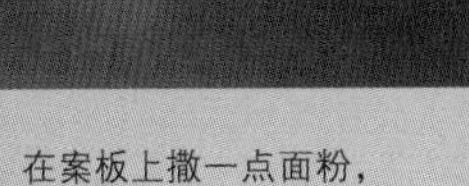

在案板上撒一点面粉，将面团翻面。

醒面

成型

在案板上多撒些面粉，然后将面团接口处向下放置在案板上。

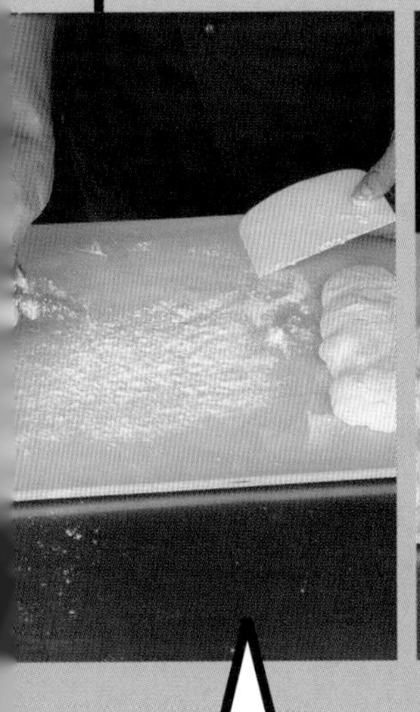

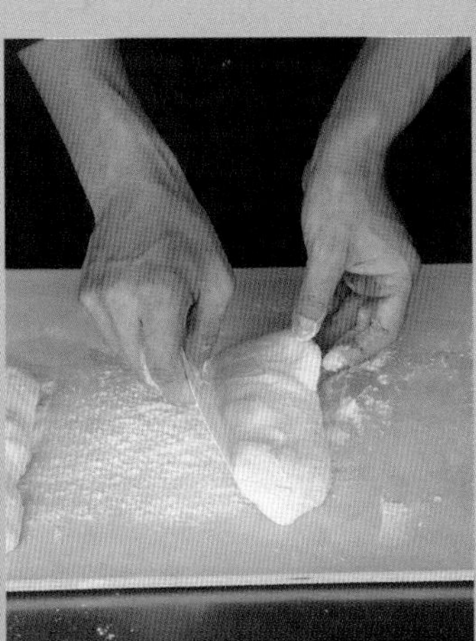

面团容易粘在案板上，所以要多撒一些面粉。

在面团上盖上略微沾湿的纱布，在 28℃下醒面 10 分钟即可。

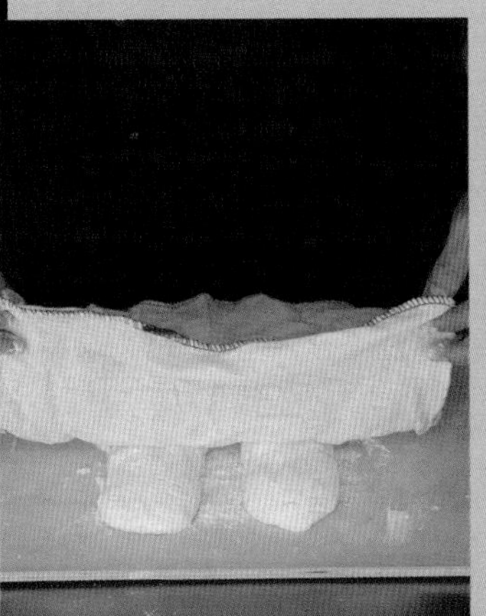

醒面的时间比用高筋面粉的面团要短，但面团的状态却更松弛，且缺乏韧性。

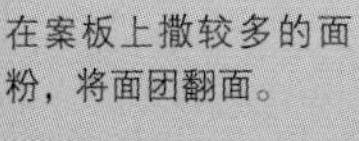

在案板上撒较多的面粉，将面团翻面。

双手轻轻掸掉多余的面粉，然后从靠近身体的一侧向前折叠面团（大约折叠至面团 1/3 处）。

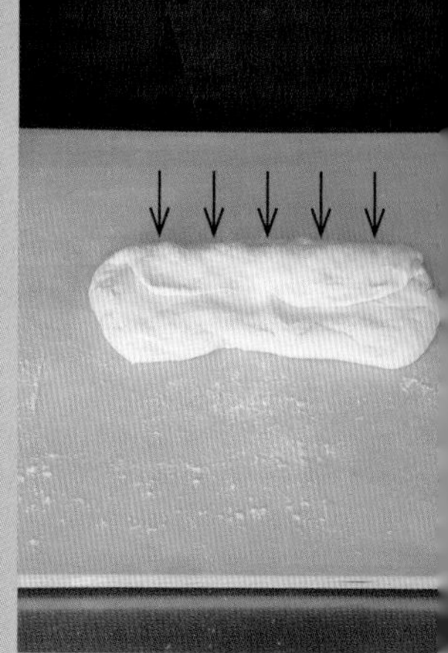

将双手的无名指放在折叠面团的接口处，用无名指将面团向靠近身体的方向挤压，同时按压接口处。

双手用力掸掉多余的面粉，然后从靠近身体的一侧向前折叠面团（大约折叠至面团 1/3 处）。

将双手的无名指放在折叠面团的接口处，用无名指将面团向靠近身体的方向轻轻挤压，同时轻轻按压接口处。

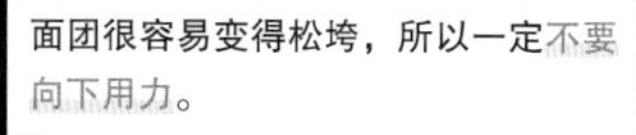

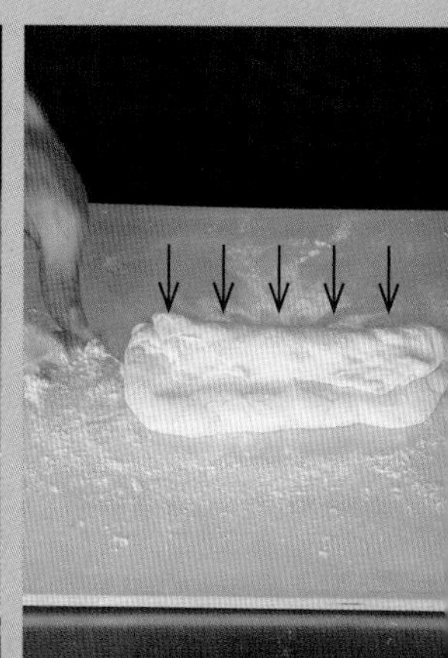

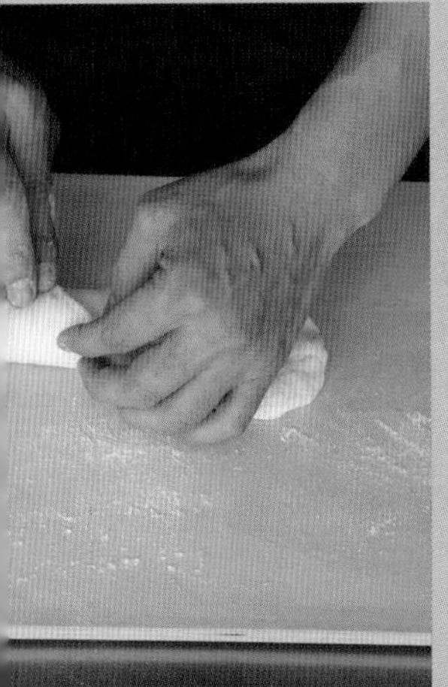

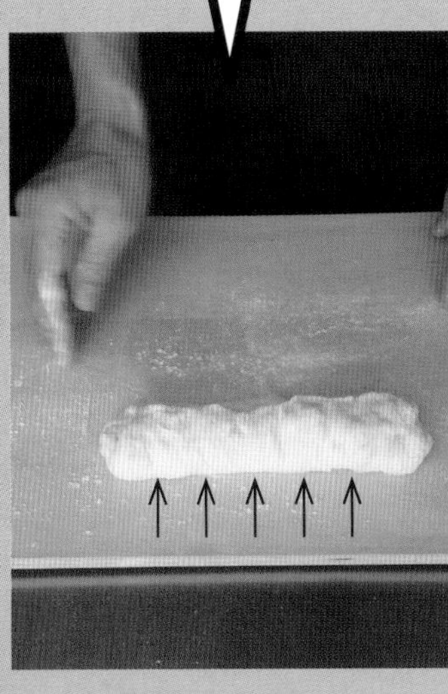

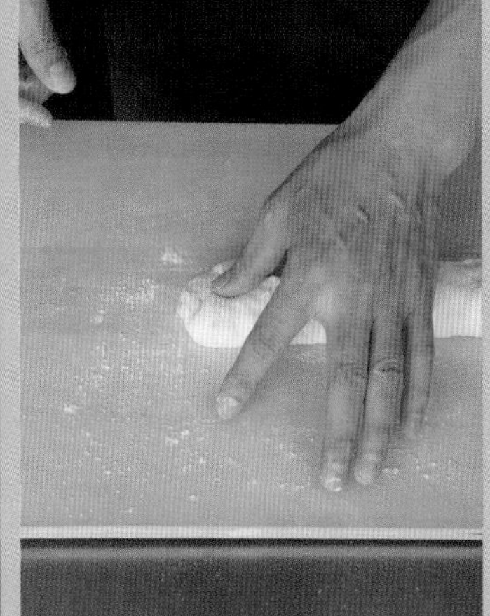

将左手的大拇指放在面团的一端，然后用右手将面团向左手拇指的方向折叠。

将左手大拇指放在面团的一端，然后用右手大拇指的根部一边按压面团，一边将边角不够圆润的面团折叠进去。

将左手的大拇指放在面团的一端，然后用右手将面团向左手拇指的方向折叠。

将左手大拇指放在面团的一端，然后一边用右手大拇指的根部按压、搓圆面团，一边用左手沿着面团边缘旋转并捏起一点面团折进中间。

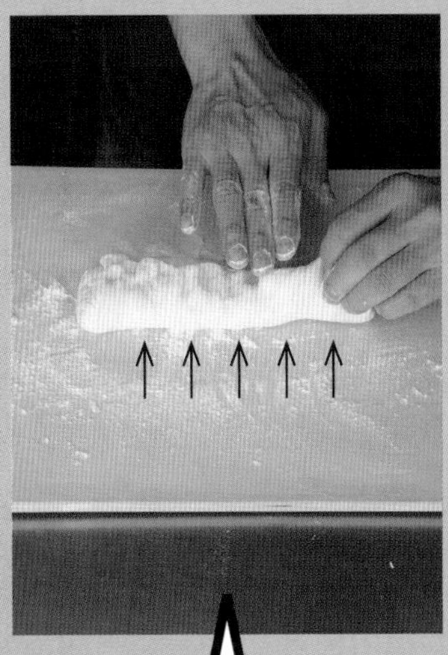

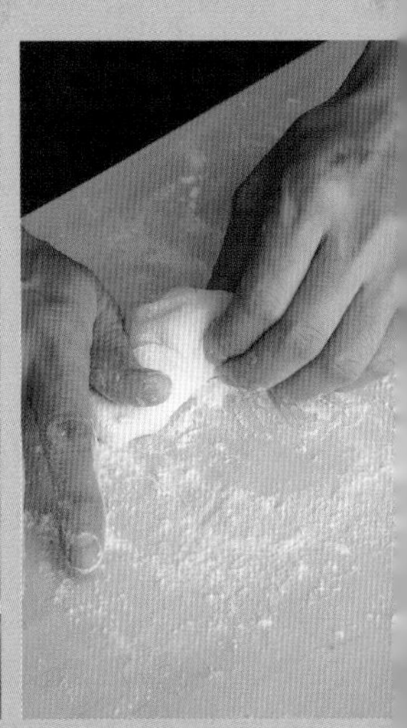

一边将面团搓圆，一边捏起一点面团折叠进去，这样就会出现图中倾斜的痕迹。如果这条痕迹过于直，会导致面团失去韧性而松垮掉。

在面团的表面出现了一条倾斜的接口痕迹。

在面团表面厚厚地撒上一层面粉，然后搓圆面团，接口处向下，切成12cm×35cm的大小。最后将其放到面包烘焙纸上。另一块面团也是同样的处理。

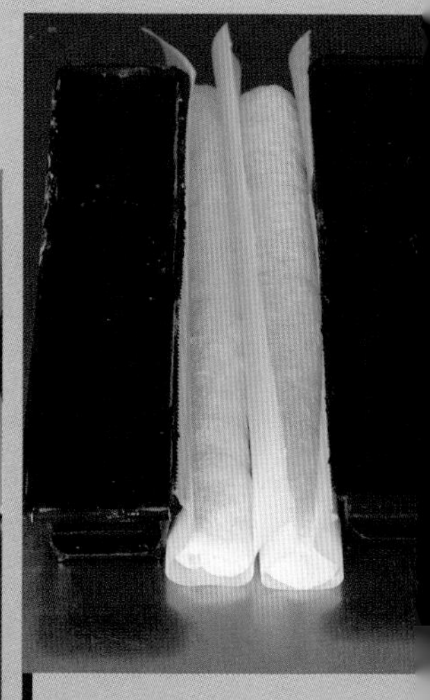

在面团的两端放上与其长度相当的东西（例如书），然后轻轻地从两侧挤压面团。

在28℃下发酵40分钟。

最终发酵

在面团的表面出现了一条倾斜的接口痕迹。

在面团表面厚厚地撒上一层面粉，然后搓圆面团，接口处向下，切成12cm×35cm的大小。最后将其放到面包烘焙纸上。另一块面团也是同样的处理。

在28℃下发酵20分钟。

在面团的两端放上与其长度相当的东西（例如书），为了使面团保持韧性，要迅速地从两侧挤压面团。

一边将面团搓圆，一边捏起一点面团折叠进去，这样就会出现图中倾斜的痕迹。如果这条痕迹过于直，会导致面团失去韧性而松垮掉。

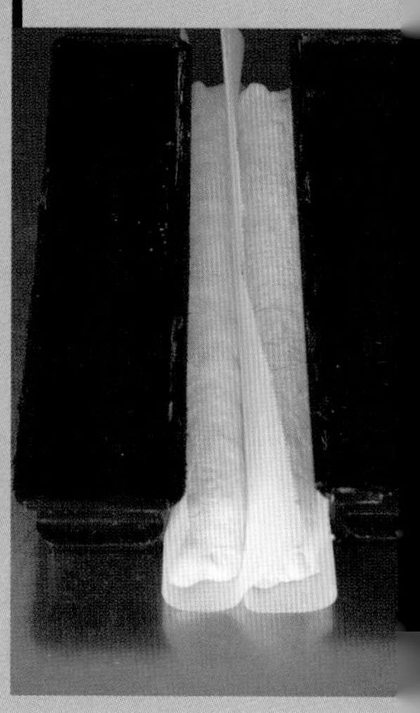

尽量按照成型处理后的斜线痕迹划线，因此划出的横线倾斜度较高。

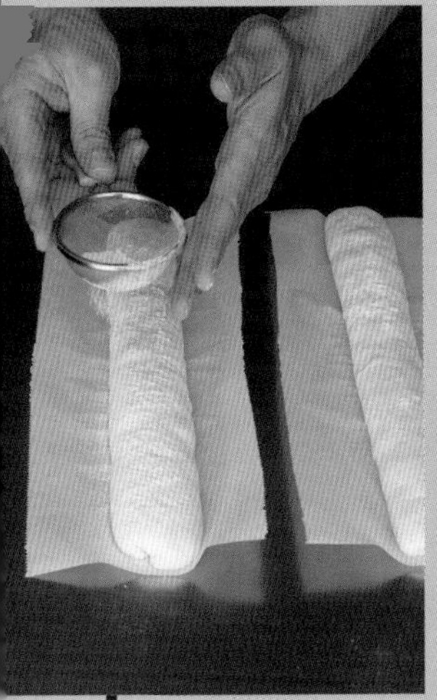

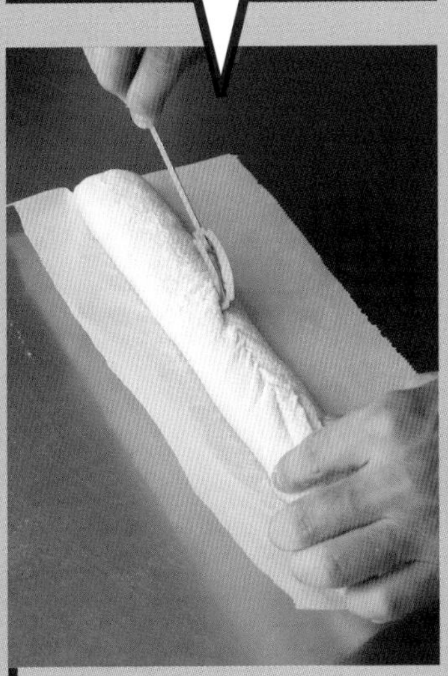

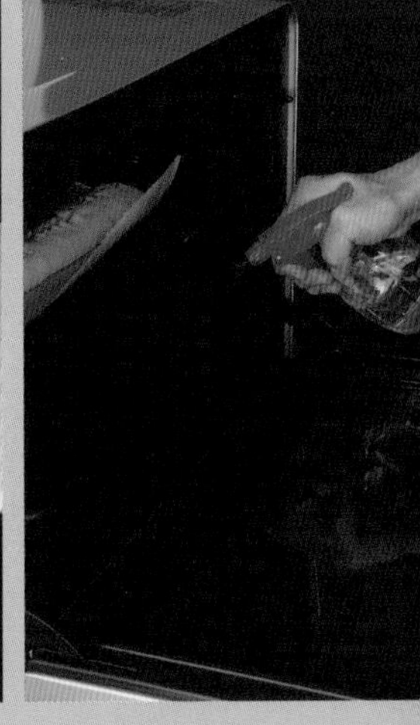

为了防止面团黏性太强，粘到烘焙纸上，用茶漏在面团表面撒上一层薄薄的面粉。

用面包整形刀在面团表面划3道斜线。

电烤箱预热至250℃，将面团放入烤箱上层，并用喷雾器在烤箱下层洒上一些水。
将烤箱温度降至220℃，在蒸汽模式下烘焙7分钟左右。
翻面，在250℃的非蒸汽模式下再烘焙20～25分钟。

烘焙

为了防止面团黏性太强，粘到烘焙纸上，用茶漏在面团表面撒上一层薄薄的面粉。

用面包整形刀在面团表面划3道斜线。

电烤箱预热至250℃，将面团放入烤箱上层，并用喷雾器在烤箱下层洒上一些水。
将烤箱温度降至220℃，在蒸汽模式下烘焙7分钟左右。
翻面，在250℃的非蒸汽模式下再烘焙20～25分钟。

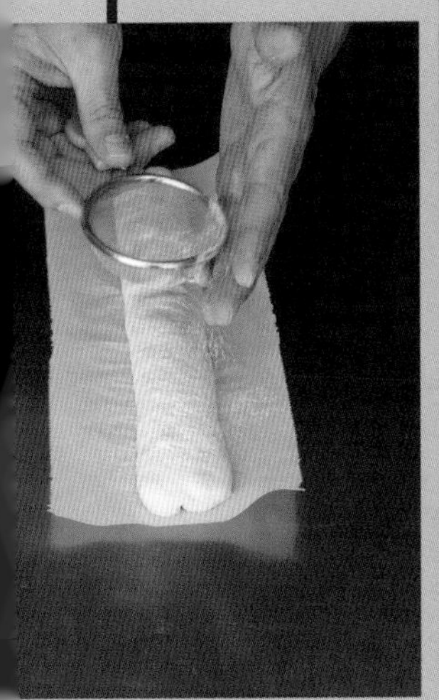

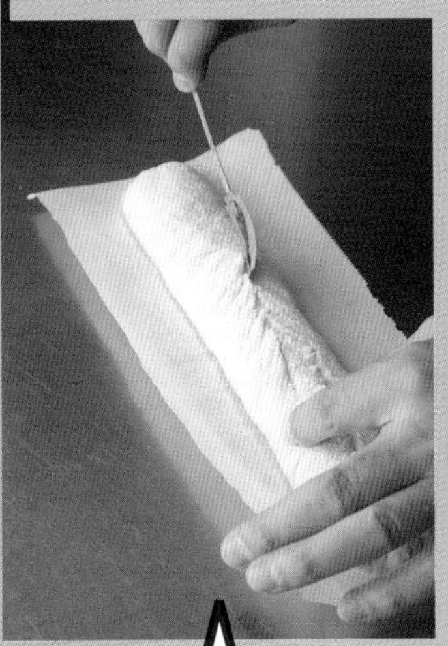

尽量让划线和成型处理后的斜线痕迹不重合，因此划出的横线倾斜度较低，更接近直线。

利用主料＋辅料制作的花式面包

糖

SUGAR

糖包括白砂糖、蜂蜜、炼乳等多种类型，不过这些糖的甜度各不相同。在面包制作的过程中，使用颗粒状或液体类的糖会更加容易和其他原料混合。因为不同的糖味道也不尽相同，所以我们要根据自己的实际需要去选择糖。下图中从左向右分别是蔗糖、细砂糖、绵白糖、蜂蜜、糖浆和炼乳。

糖的作用

糖能够帮助酵母发酵，同时促进水与其他原料结合，但又会阻碍谷蛋白的形成。糖对面包的成色也有很大的影响。

味道

添加糖能够使面包具有甜味，并增强面包的口感。加入砂糖能够使人直接地感受到甜味，糖被酵母分解后还能够产生乙醇、醛类、酮类和酯类化合物，能够使面包形成其他特殊的风味。

成色

砂糖经高温烘焙后，能够形成 2 种成色。一种是砂糖高温变红之后形成的颜色，另一种是砂糖和蛋白质在高温下经过美拉德反应之后形成的颜色。而且，由于烘焙温度和时间不同，以及蛋白质种类不同，可以产生各种各样的香气成分。只用主料制作的面包能够具有好看的成色和浓郁的香气，这主要就是因为烘焙过程中的美拉德反应。所以，如果想要只用主料制作具有多重香气的面包，就要选择蛋白质含量比较高的面粉；如果用谷蛋白含量比较高的面粉，即包装上显示蛋白质含量较少的高筋面粉，做出来的面包虽然松软可口，但缺乏面包的香气。

* 美拉德反应是指氨基化合物（蛋白质）和碳酰化合物（葡萄糖、果糖等）经过加热后形成的一种化学反应，可用于成色。

辅助发酵的糖类

在糖类中，以砂糖作为主要成分的糖会成为对于酵母生存来说必不可少的营养源。与此相对的，由于从淀粉中被分解出来的麦芽糖分解过程的时滞，会间接地成为发酵的原料。进行发酵时，是使用立刻可以成为发酵原料的砂糖，还是经过分解作用才能成为发酵原料的麦芽糖，这就需要我们根据实际需要来调节糖量了。为了使酵母保持活性，酵母的用量应为面粉用量的 0% ~ 10%。如果放得过多（10% ~ 35%），会在渗透压的作用下导致发酵速度放慢。如果超过 50%，那么发酵的速度就会急速下降。

促进水的结合性的糖

糖一旦溶于水是很难与水再重新分离开的，将这种结合水加到面粉中，就能够制作出可以长时间保持良好形状的面包。不过，绵白糖等粉状糖和蜂蜜等液体糖在使用方法上是有区别的。液体糖中本来就含有结合水，和面时要相应地减去这部分结合水的量（如果使用蜂蜜，要减去原有用量的 20%）。

阻碍谷蛋白形成的糖

糖对于酵母来说是必不可少的原料，但是对于谷蛋白形成来说却是不需要的物质。因此，在和面的过程中，加入过多的糖会导致和面时间的延长。

油脂

OIL

油脂用于面包制作时，需要分固态油脂和液态油脂分别进行考虑。作为辅料，油脂在辅助主料进行面包制作时，要根据制作面包的种类和使用目的的不同来进行选择。下图中从左向右分别是橄榄油、色拉油、黄油（上）、起酥油（下）。

油脂的作用

油脂可以提高面包风味，而且可以帮助谷蛋白提高延展性，在面包制作中发挥着重要的作用。

风味

油脂能够给面包带来其特有的味道和香气。

提高谷蛋白延展性的油脂

在和面过程中，油脂对于谷蛋白的构造起到了正反两方面的作用，这个作用可以从加入油脂的时间点及其作用上来分析。
谷蛋白有延展和收缩两种形态：
面粉 + 水→在麸质蛋白的作用下谷蛋白延展
→在醇溶蛋白的作用下谷蛋白收缩

在和面的过程中，谷蛋白会同时发生延展和收缩，但随着和面过程的推进，收缩力会逐渐占据主导。这时如果加入同样具有硬度的固态油脂，油脂就会起到润滑油的作用，使面团的收缩力和延展性变好，即油脂起到了促进面团延展性的作用，同时又会抑制谷蛋白的收缩力。但如果在和面之前将液态油脂和水一起加入面粉里，在和面的过程中谷蛋白的收缩力会得到抑制，导致面团的延展性过于好，做出来的面包也就不太有嚼劲了。

面包制作中的油脂选择

油脂

固态油脂

黄油
能够提高面包的口感和香气，使面包口感浓郁。使用不添加食盐的黄油可以更容易调节面包制作中盐的用量，相对来说使用更方便。

起酥油（不含反式脂肪）
想要只利用主料做出松软的面包时，可以使用起酥油。起酥油无色无味，如果不想让油脂影响到其他辅料的味道和香气，也可以考虑使用起酥油。

液态油脂

色拉油
香气不足，适合制作口感清爽、有嚼劲的面包。

橄榄油
具有橄榄油的独特香气，适合制作香气浓郁、口感浓厚、有嚼劲的面包。

乳类

MILK

乳类是用牛奶加工制成的生奶油、脱脂奶粉等，当然牛奶本身也属于乳类。乳类分为含油脂和不含油脂的两种。含有油脂的乳类一般含有的是液态油脂，对于谷蛋白的形成会起到阻碍作用。乳类也是作为主料的辅助被用于面包制作中的材料。下图中从左至右分别是生奶油、脱脂奶粉和牛奶。

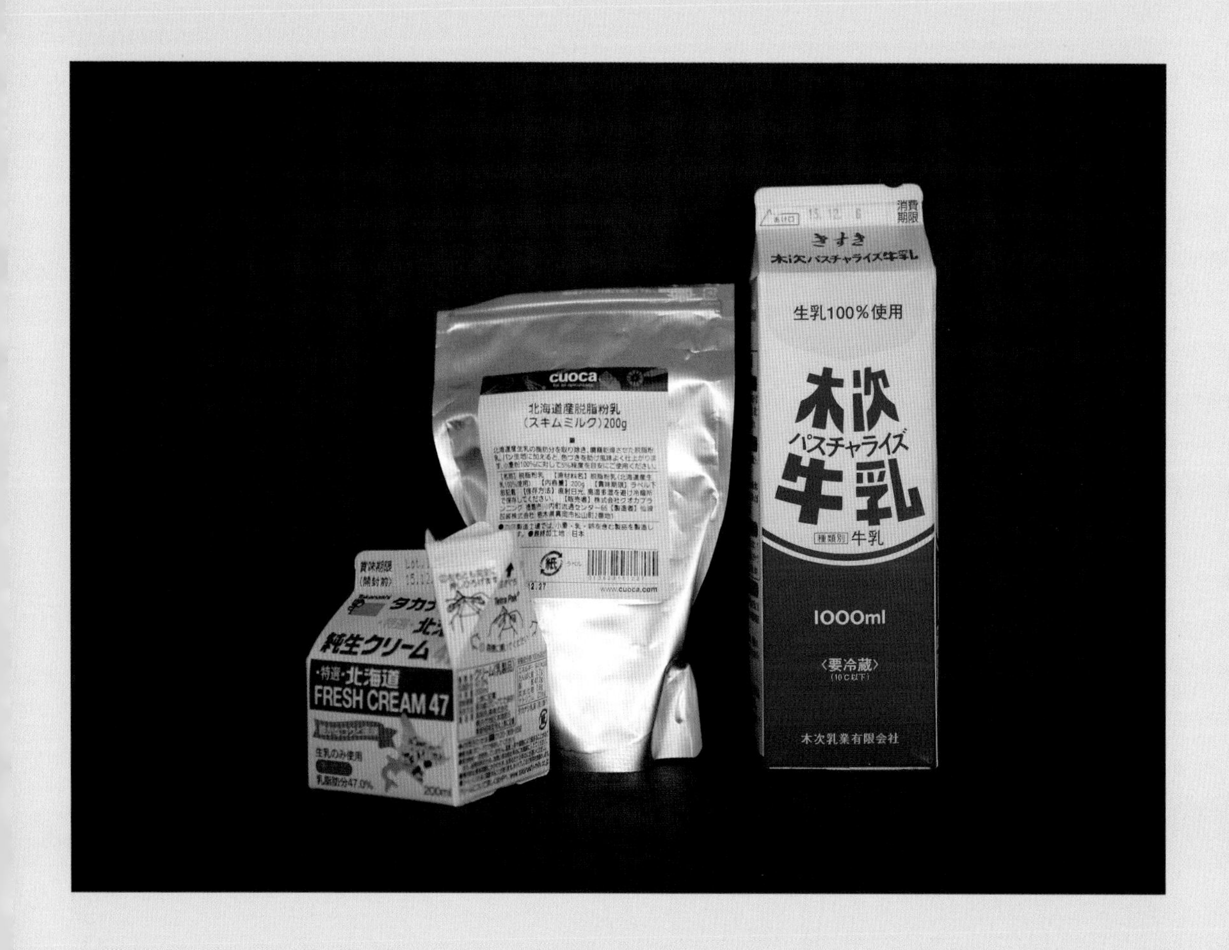

乳类的作用

乳类在面包制作中可用于控制味道和口感，还可以帮助面包成色。

味道

可以使面包具有仅使用主料无法制作出来的乳类独特的风味和口感。

帮助成色的乳类

加入含有乳糖和乳蛋白的乳类，能够通过美拉德反应做出成色漂亮、香气扑鼻的面包。而且，如果在面团表面刷上一层牛奶再进行烘焙，面包的香气也会更上一层楼。

* 乳糖和乳蛋白是指乳类中含有的糖和蛋白质。

控制口感的乳类

在和面的过程中，需要将面粉加入到水中然后不断揉搓。根据乳类中脂肪含量的不同，谷蛋白的形成方式也略有不同。乳脂肪含量的多少决定着是否可以使谷蛋白完美地结合在一起，做出松松软软的面包。如果使用脱脂奶粉，由于其粉状的特性，会使得面团变硬，影响酵母活性的发挥。为了不影响酵母的发酵，脱脂奶粉的使用量不得超过原料总量的8%。本书所使用的乳类中乳脂含量在0% ~ 45%。

制作面包时不同乳类的区别

生奶油（乳脂含量较高）	不易形成谷蛋白	面包口感较柴
牛奶（乳脂含量较低）	能够形成较少谷蛋白	面包口感适中
脱脂奶粉（不含乳脂）	易形成谷蛋白	面包口感松软

鸡蛋

用于面包制作的鸡蛋要分为蛋清和蛋白两个部分区别使用。

蛋黄的作用

能够提升面包口感和风味。蛋黄含有较多具有乳化作用的磷脂质，因此蛋黄中的脂肪也能够很好地和水融合在一起，并混合在面团中。这样一来，即使加入具有一定硬度的油脂，也能够使其很好地融入面团中，对于提高谷蛋白延展性起到了间接性的帮助作用。最后，乳化作用也能够帮助面团保持水分。

蛋清的作用

蛋清中 90% 都是水分，剩下的大部分是以白蛋白为主体的蛋白质。这些蛋白质遇热后会发生变性作用，成为固态，补充谷蛋白的硬度。而且，在蛋白质遇热变性的时候，如果面团中含有糖分，那么美拉德反应将更加强烈，面包的成色也就更好看。不过，蛋白中的水分在烘焙过程中会消失，所以做出来的面包具有容易干燥的缺点。

蛋清和蛋黄的使用方法

在制作面包时，通过改变蛋清和蛋黄的比例就可以进行调整了。如果整个鸡蛋的使用量超过了面粉用量的 30%，那么就要在此基础上再增加一点蛋黄的用量，防止面包变得干瘪。如果面包制作时使用了较多的油脂，那么为了利用蛋黄的乳化作用，要增加蛋黄的用量。

其他辅料

OTHERS

其他辅料包括一些甜食、咸味食材、遇热融化的食材、果脯、坚果等。

甜食

大红豆、蜜饯栗子

将结晶化的砂糖抹在食材的表面后加工形成的一些甜食。面团中的水分会因为渗透压的原因而渗入这些甜食的表面。这样一来，面团的水分流失了，所以要么减少这些甜食的使用量，要么增加水的用量。不过，流失掉的水分渗透到这些甜食的表面，将表面结晶化的砂糖溶化，成为结合水。所以，面团本身并不会因为水分的流失而变得特别干燥，只是黏性会增强不少。

咸味食材

芝士、海苔、樱虾

这些食材的添加可以提高面团的紧实度，所以要充分考虑此作用，在即将开始和面的时候加入这些食材。而且，如果想添加比较多的咸味食材，可以适当提高水的用量，保证面团的紧实度刚刚好。

遇热化开的食材

巧克力、芝士等

虽然使用这些食材能够提高面团的紧实度，但是在烘焙的时候它们会随着温度的升高而化开，这样就会导致周围的面团受到破坏。如果我们将大块的巧克力、芝士等放入面团里，烘焙后就会有出现一些烤制不完全的地方，而且面包里容易出现较大的空洞，所以最好将这些遇热融化的食材切成小块后放入面团中。

果脯

葡萄干、杏脯

如果直接将这些果脯加入面团里，面团中的水分就会因为果脯表面的糖分导致的渗透压而流失，但这些流失掉的水分会再次渗透到果腹中去，所以果脯周围的面团就会变硬、干燥。为了防止这种现象，可以提前在水中泡一下，或者提前在果脯表面裹上一层糖浆或酒精。如果是经过油炸处理的果脯，可以提前放在温水中，使其表面的油分流失之后再用糖浆或酒精裹上一层，这样使用时就可以防止面团变干燥。

* 如果要将果脯放在酒精里进行处理，最好可以用同种水果制作出来的酒，这样两者属性相合。比如葡萄干就用葡萄酒，苹果干就用苹果白兰地。

坚果

杏仁、澳洲坚果、碧根果等

如果要使用坚果，可以根据坚果大小和烘烤程度的不同来进行区分。颗粒越大，吃面包的时候越能明显地体会到这种坚果的味道；颗粒越小，其味道就越淡，吃的时候也就不太能感觉到这种坚果的存在了。粉状的坚果虽然在面包中分布均匀，但是很难确切感受到坚果的风味。还有，经过深度烘烤而成的坚果往往香气浓郁，在面包中的存在感也比较强。烘烤程度较浅的坚果则存在感较弱，更加能突出其他食材的口感和风味。用一些经过深度烘烤而成的坚果做面包时，短时间烘焙对面包没有影响，但烘焙时间一长，可能导致面包表面的坚果烤焦，这一点要特别注意。

坚果的形状

坚果的形状多种多样，有粉状、小球状等。这里我们以杏仁为例进行介绍。

各种形状的杏仁

上图中从左上角开始，按顺时针方向分别是不带皮研磨杏仁粉、带皮研磨杏仁粉、杏仁切片、杏仁碎颗粒、长条状杏仁颗粒、整杏仁颗粒。

利用主料和辅料制作的松软白面包（清爽型口感）

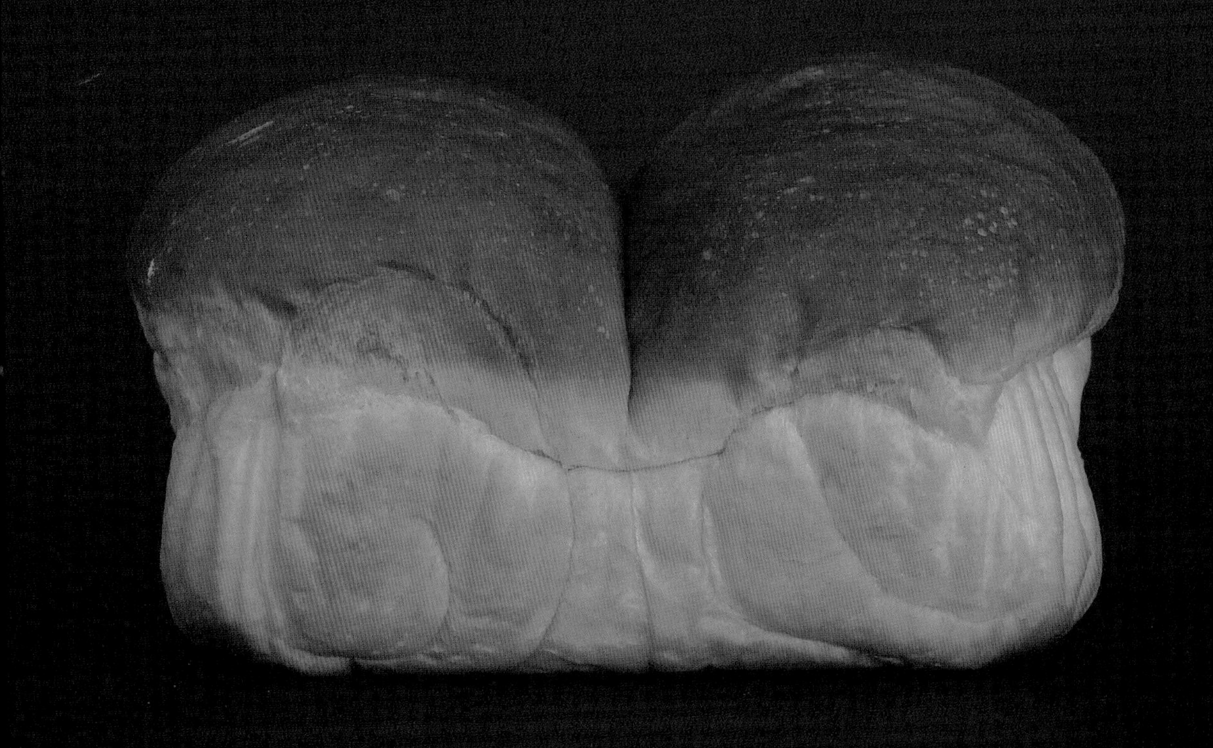

这种面包的特征在于口感筋道，韧性很好。表皮很薄，里面松松软软。比起传统白面包（P34），这种面包的口感更加均匀。

材料　可用于制作1个（大烘焙模具）面包

高筋面粉（春之丰）	100g	50%
高筋面粉（梦之力）	100g	50%
* 粉状物品可以装在塑料袋里称量。		
天然有机酵母	1.6g	0.8%
盐	3.6g	1.8%
白砂糖	20g	10%
鸡蛋	20g	10%
脱脂奶粉	10g	5%
水	130g	65%
黄油（无盐型）	20g	10%
合计	405.2g	202.6%

工序

和面搅拌

面团温度 27℃

↓

一次发酵

在 30℃下发酵 50 分钟→二次发酵→在 30℃下发酵 30 分钟

↓

分割面团

将面团 2 等分

↓

醒面

在 28℃下放置 15 分钟

↓

成型

↓

最终发酵

在 35℃下发酵 60 分钟

↓

烘焙

在 180℃下烘焙 10 分钟（蒸汽模式下）→翻面→在 180℃下再次烘焙 10 分钟（非蒸汽模式下）

取出脱脂奶粉后立刻放到碗里。

在碗里放入盐、白砂糖、脱脂奶粉，然后用打蛋器混合均匀。

倒入鸡蛋和水，用硅胶铲搅拌均匀。

在装满面粉的塑料袋中放入天然有机酵母，摇晃塑料袋使其混合。

和面

用刮板刮下粘在碗上的面团，放置于案板上。

用两手的指尖像写“八”字一样一边揉搓面团，一边将面团延展成边长 20cm 左右的正方形。

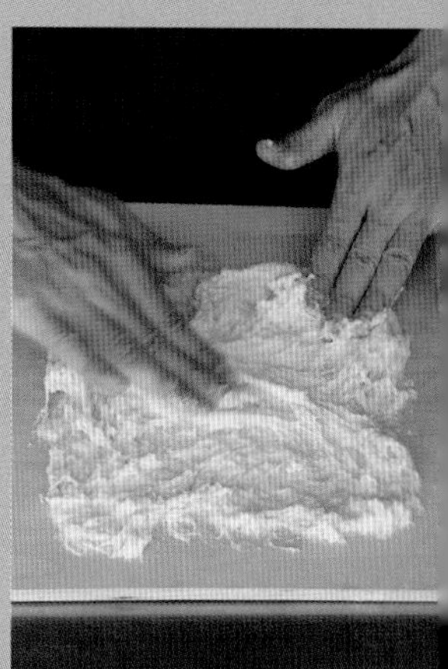

因为加入了辅料，所以面团的黏合性不强，会很容易粘到案板等地方。

面粉、水和辅料等可以很快地混合。

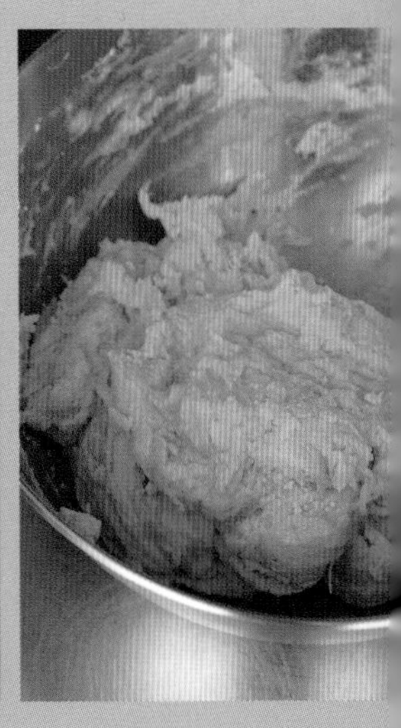

面粉倒入碗里，混合所有材料至没有散粉为止。

用刮板将面团收拢在案板中间。

将面团从案板上整块拿起，用力摔打在案板上，然后对折面团，如此反复 6 次，为 1 组。反复做 4 组，每组摔打面团的力量按弱→强、弱→强来交替进行。

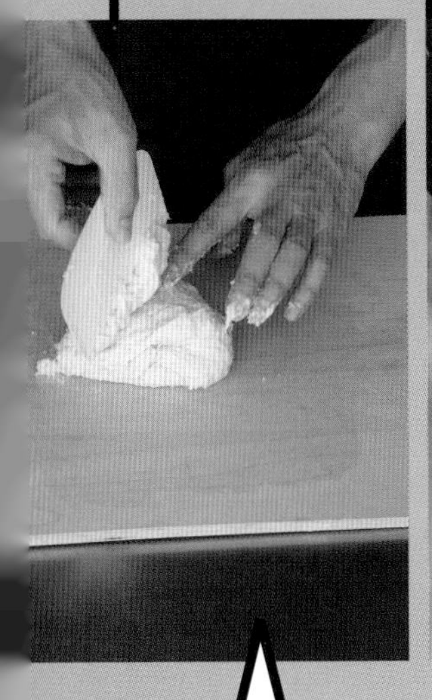

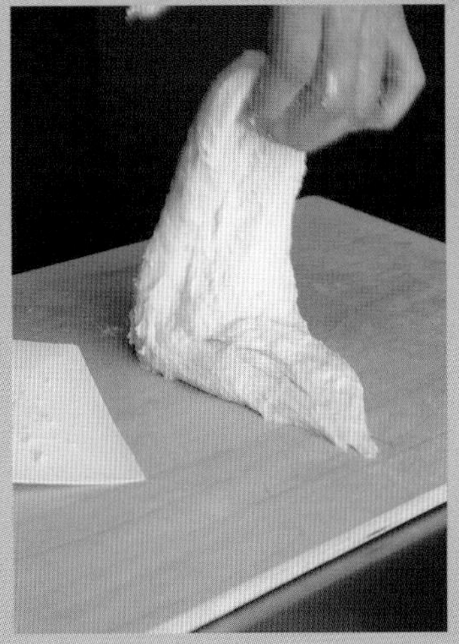

粘在手指上的面团可以用刮板刮下来。

一开始面团的黏合性不强，所以摔打时要轻柔一些。

每组处理面团的力量不断增强，做完 4 组之后面团就和好了。

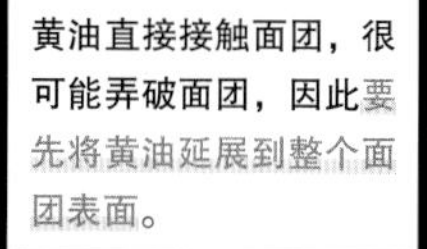

黄油直接接触面团，很可能弄破面团，因此要先将黄油延展到整个面团表面。

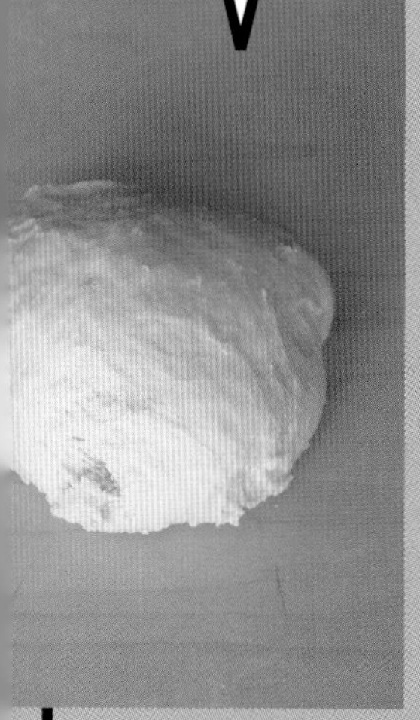

上图是 4 组和面动作做完之后的面团状态。

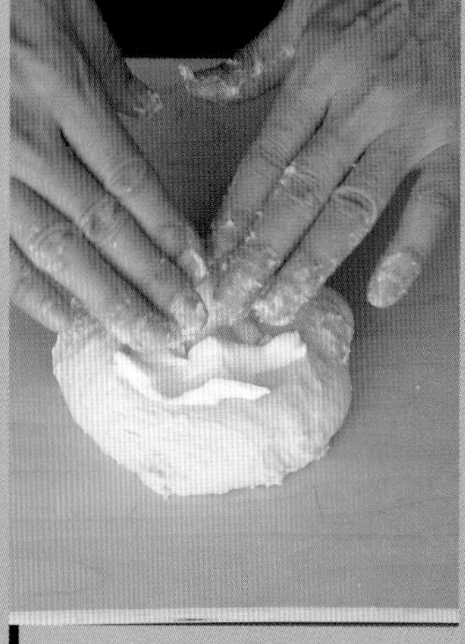

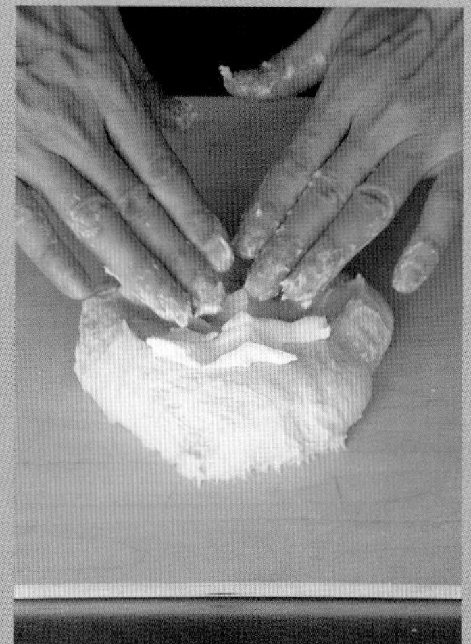

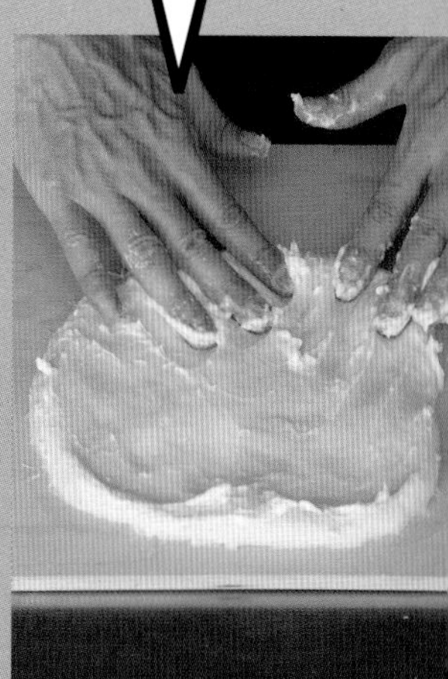

将黄油涂在手指尖上，抹到面团表面。一边抹黄油，一边将面团延展成边长 20cm 左右的正方形。

下图是 8 次叠加做完之后的面团状态。

用双手捏起面团，一边融合黄油和面团，一边将面团搓揉成团。

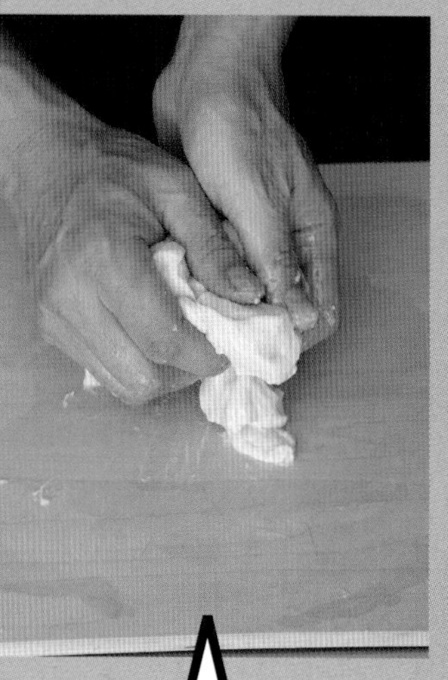

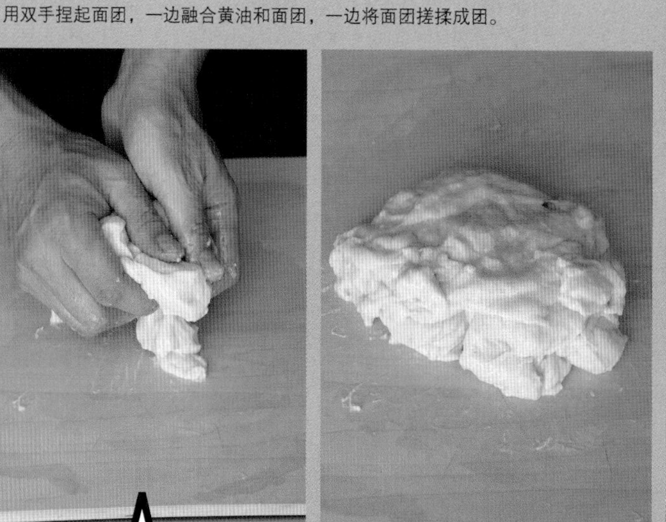

重复 8 组动作之后，变成由 256 层小面团叠加出来的面团。

捏起面团时不能太用力，否则面团会破掉。能轻轻捏起整个面团即可。

一开始的时候面团黏合性仍然不强。

面团直接叠加即可，不用将其中一半翻面再叠加。如果将两个都抹了黄油的面团叠加到一起，会使面团的乳化效果变差，融合度降低。

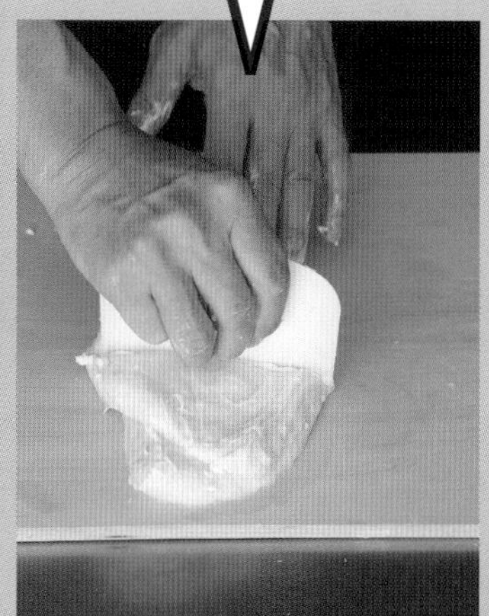

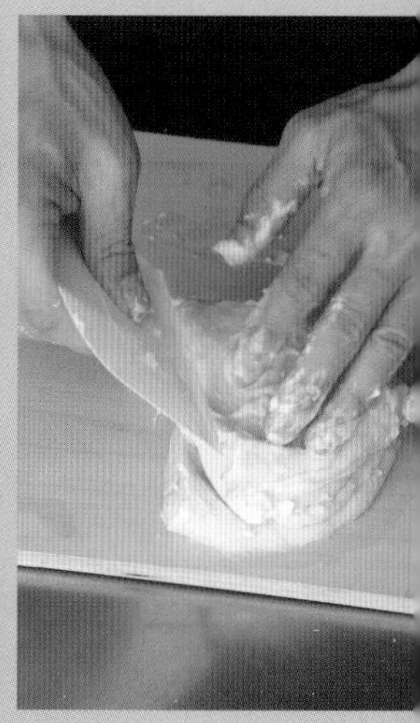

用刮板将面团分成两半，其中一半叠加在另一半上面，再用力按压面团。重复 8 次。

用刮板将面团从案板上整块拿起，摔打在案板上，再对折面团，如此反复 6 次，为 1 组。反复做 4 组，每组摔打面团的力量按弱→强、弱→强来交替进行。

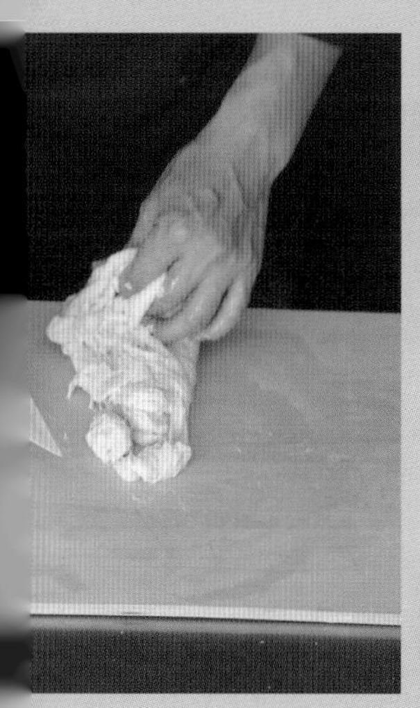

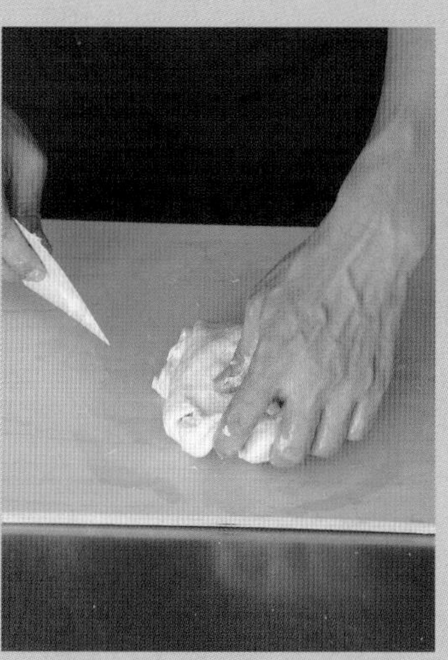

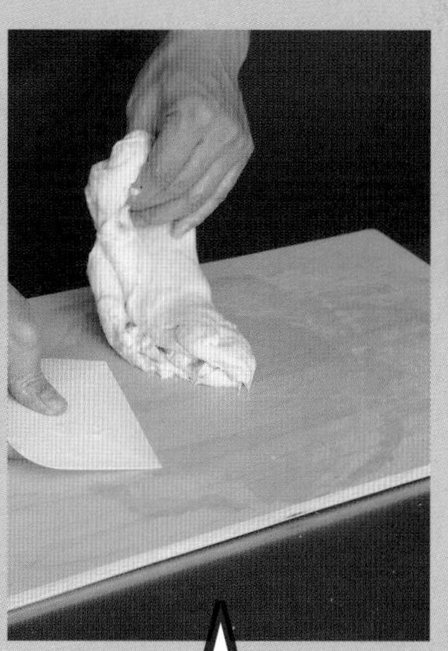

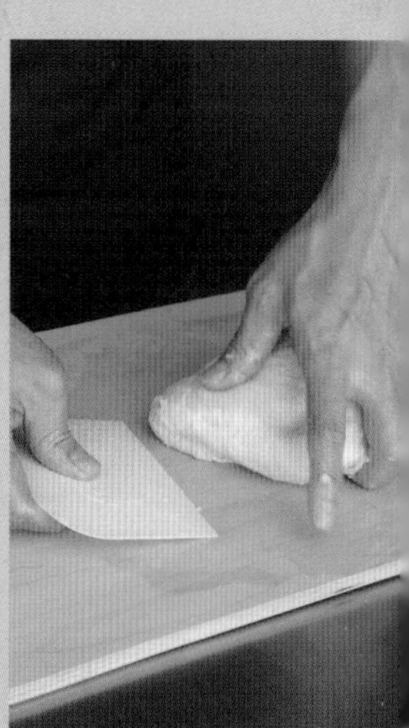

和面过程中面团的黏合性逐渐增强。

因为加入了辅料，比起没有添加辅料的传统白面包，面团的延展性更好。

搓圆整个面团是为了均匀分布谷蛋白。

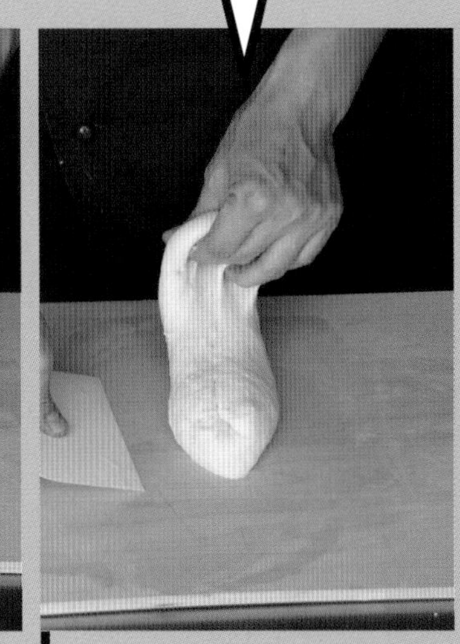

将碗盖在面团上，静置3分钟。

稍微拉长面团，对折，然后用双手将面团整成圆团状，放入发酵容器中。

倒置容器，将面团倒在案板上。

在手上撒一些面粉，将面团延展成边长25cm左右的正方形。

一边将面团向内翻折1/3，一边轻轻按压面团，去除气泡。

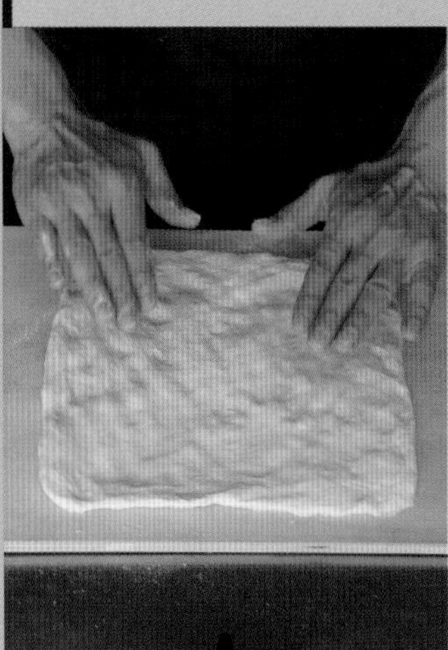

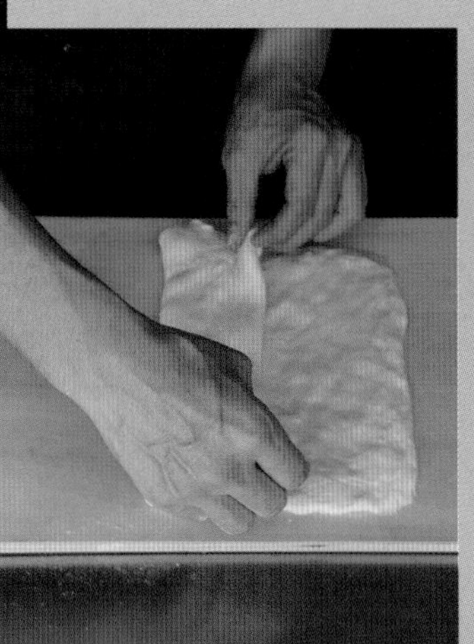

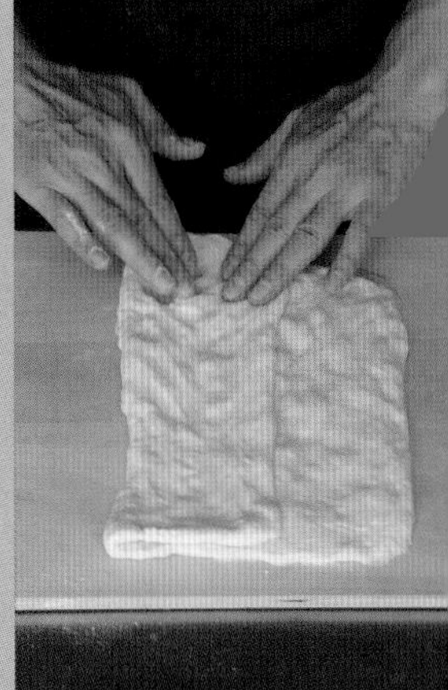

面团的延展性很好，即使将面团延展得很大，面团也不会破。

去除气泡是为了使面团的口感均一。

谷蛋白的含量较高，所以即使撒少量面粉，面团也不会粘到发酵容器上。

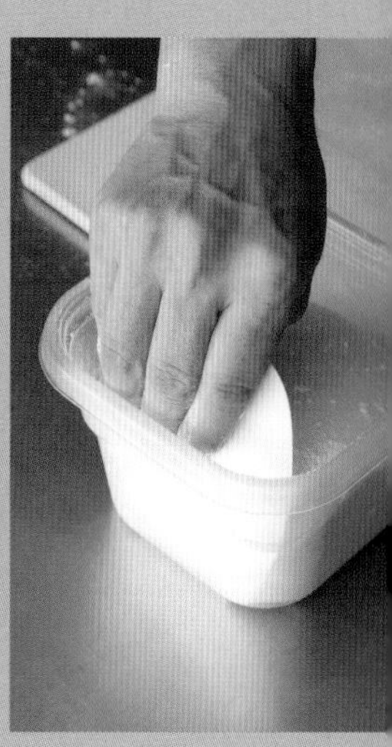

在 30℃下发酵 50 分钟。

在案板和容器周围撒上少许面粉，然后将刮板插入发酵容器边缘，避免面团粘到容器上。

一次发酵

二次发酵

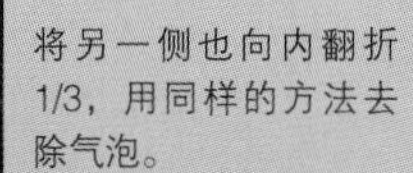

将另一侧也向内翻折 1/3，用同样的方法去除气泡。

从靠近身体的一侧将面团向前折 1/3，然后再向前折 1/3，使面团叠成 3 层。

接口处向下放置，用双手从两侧托起面团，使面团成型。

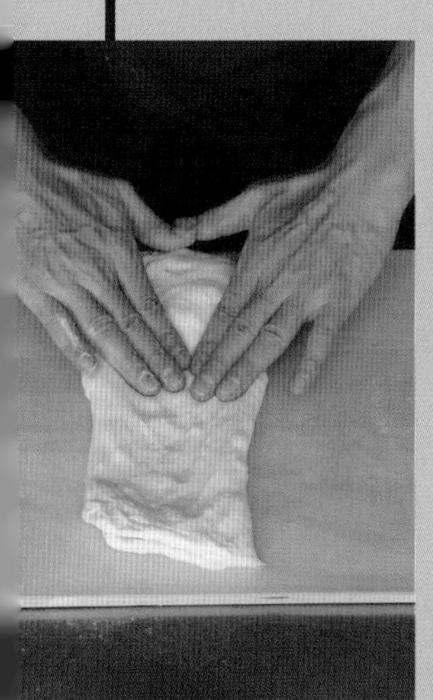

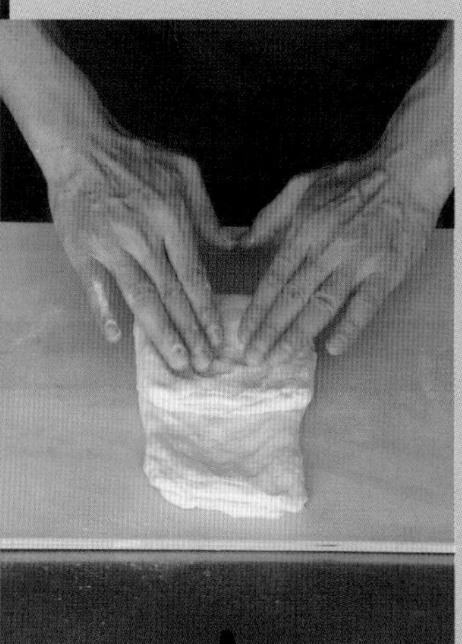

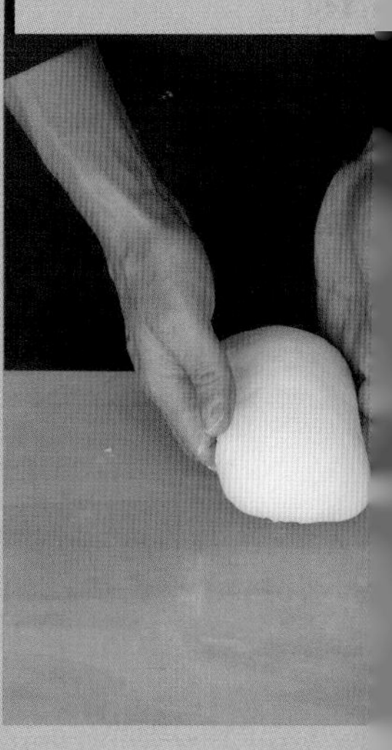

不管将面团重叠多少次，也不管面团硬度有多高，其延展性始终很好。

将面团放入发酵容器中。

在30℃下发酵30分钟。

在案板和容器周围撒上少许面粉。

分割面团

用双手指尖延展面团，整理成长方形。然后从靠近身体的一侧向前对折面团，用手轻轻按压面团，去除气泡。

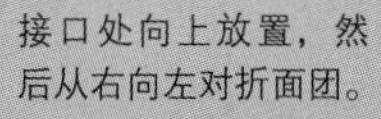

接口处向上放置，然后从右向左对折面团。

按压面团是为了去除气泡，同时也使面团口感均匀。

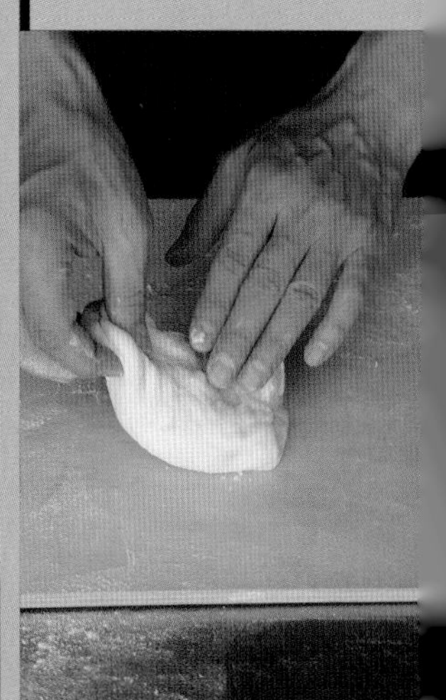

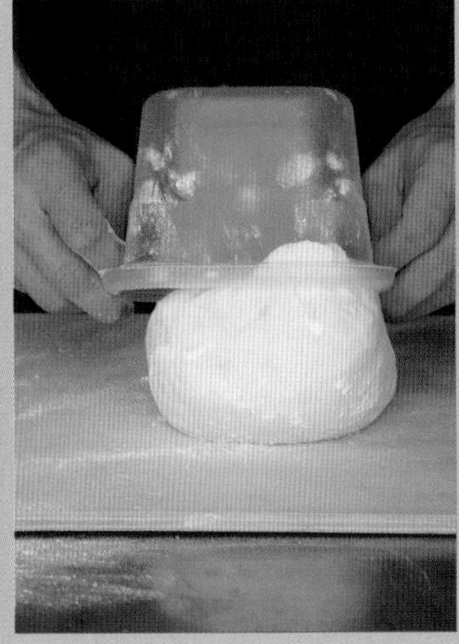

将刮板迅速地插入容器边缘，倒置容器，将面团倒在案板上。

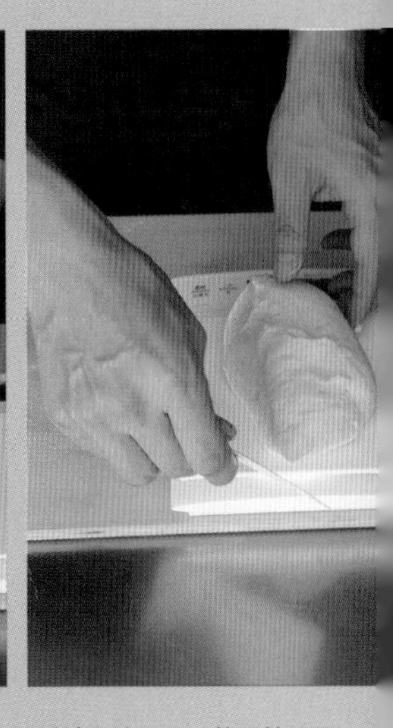

用刮板将发酵好的面团切割成两半。在称重计上称一下，使两块面团的重量一样。

轻轻按压面团去除气泡，将接口处的面团向下折进去。

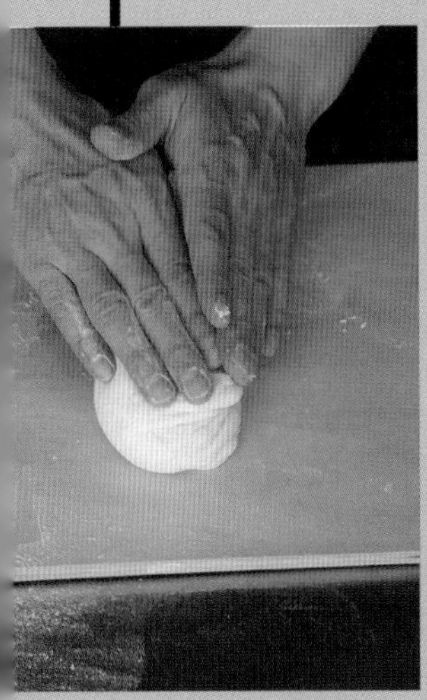

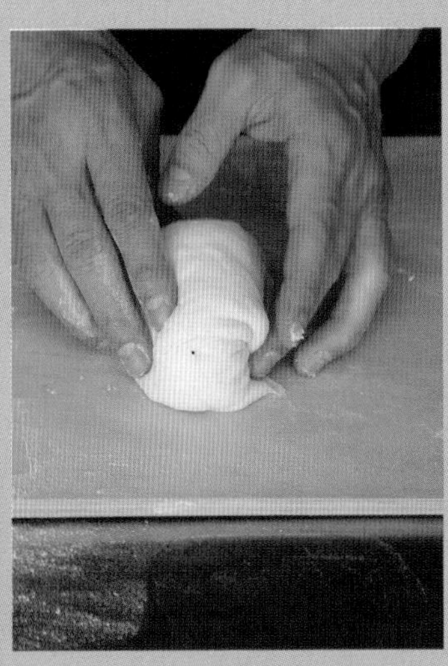

醒面

在面团上盖上略微沾湿的纱布，在 28℃下醒面 15 分钟即可。

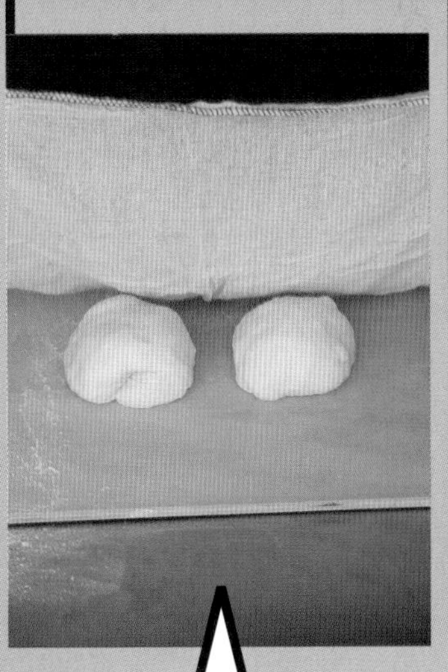

比传统白面包的醒面时间短，但面团的延展性很好。

成型

在案板上撒些面粉，然后将面团放置在案板上。

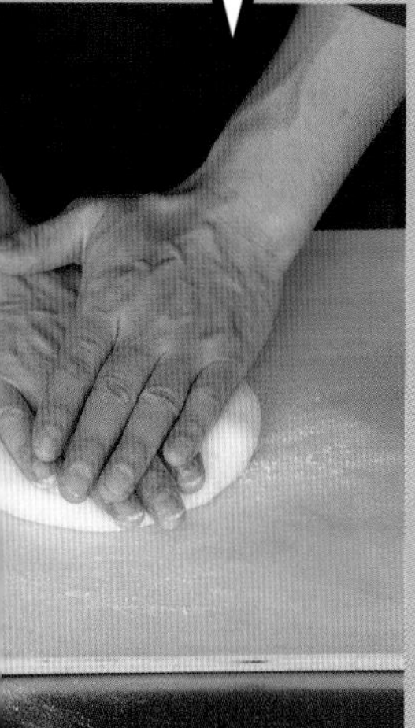

双手重叠按压面团，使面团延展成直径 12cm 左右的圆形。

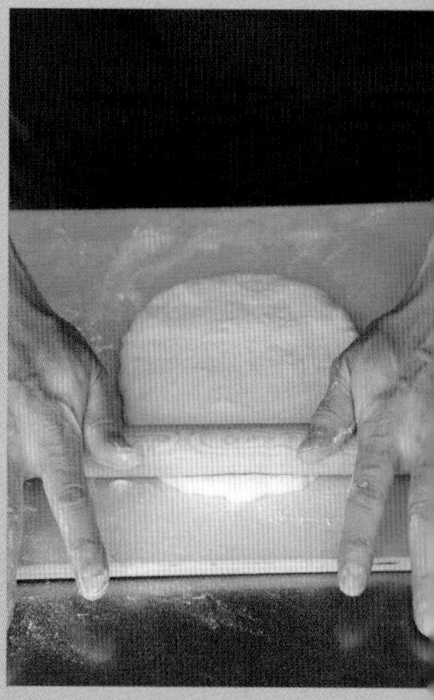

在擀面杖上撒些面粉，一边通过擀面去除面团中剩余的气泡，一边将面团延展成直径 20cm 左右的椭圆形。

将面团从靠近身体的一侧向前卷。

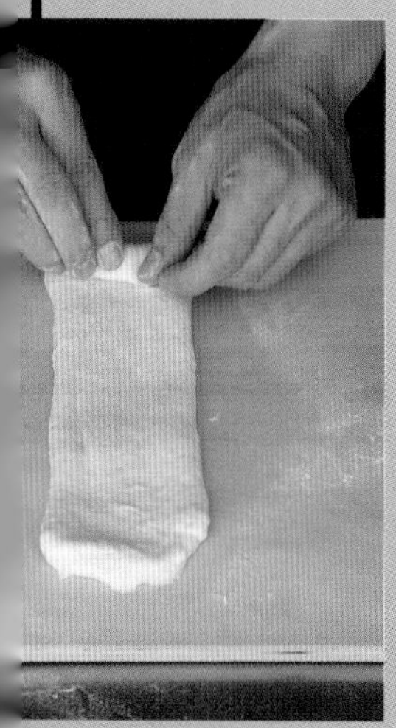

将面团的最终接口处向下放置在烘焙容器中，另一块面团也同样放置。

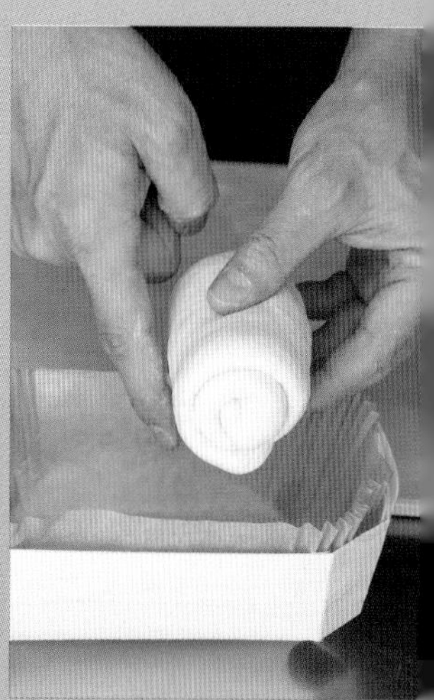

为了不留下大气泡，再次按压面团。

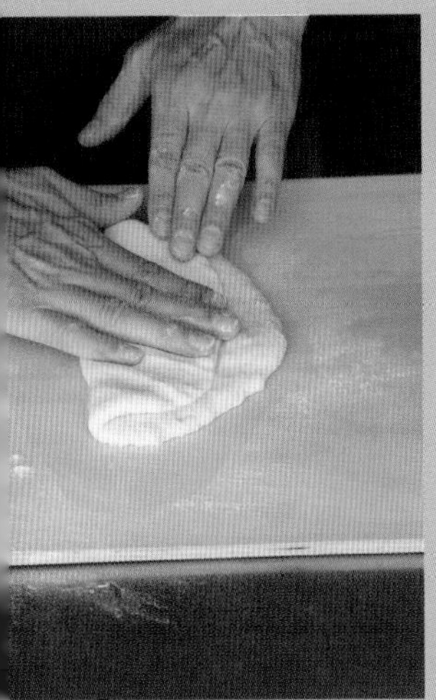

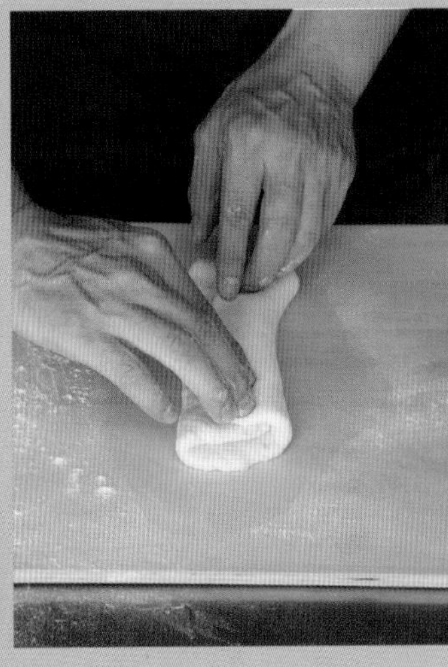

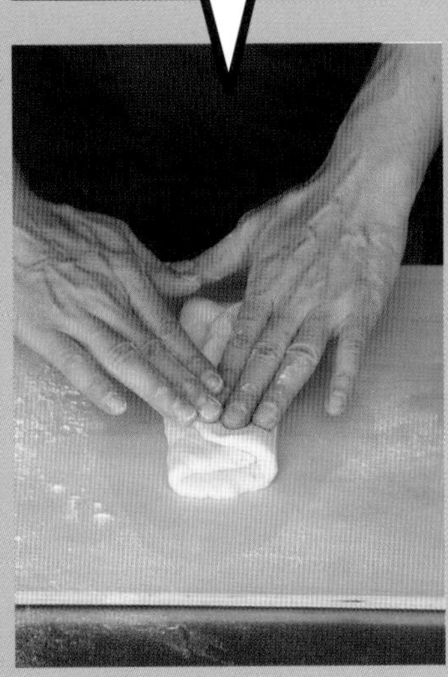

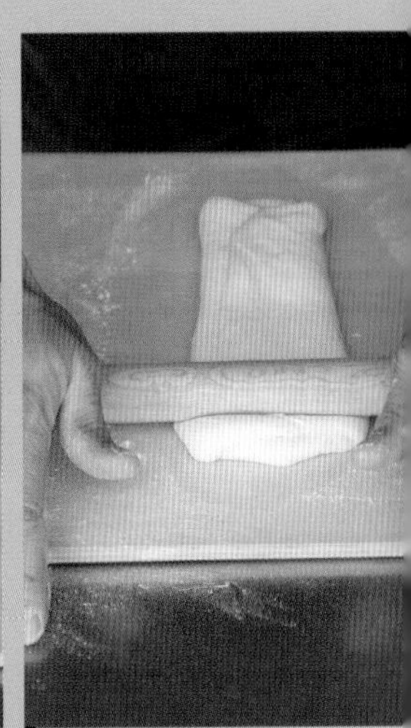

从右向左将面团折叠 1/3，再从左向右折叠 1/3，使整个面团叠成 3 层，然后轻轻按压面团。

用擀面杖将面团擀成 25cm 长的大小。

最终发酵

在 35℃下发酵 60 分钟。

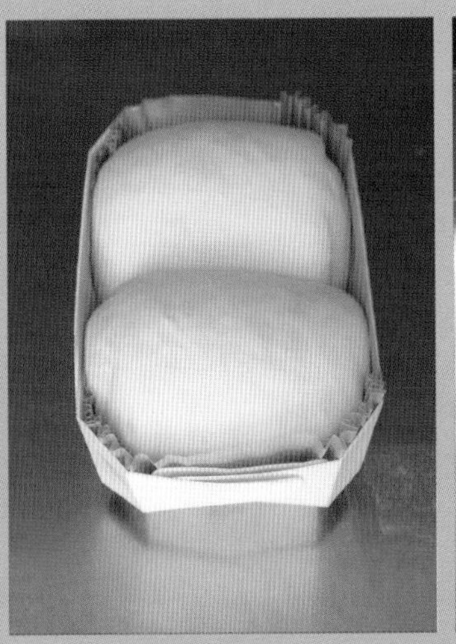

将两块面团卷的最终接口处按相对的方向放置。其断面如右图显示。

烘焙

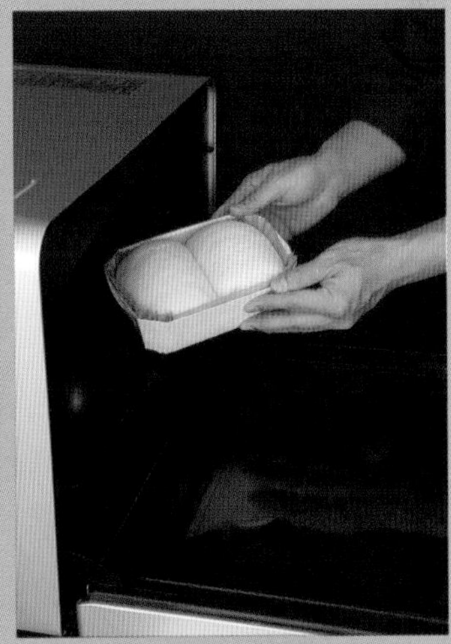

电烤箱预热至 180℃，将面团放入烤箱下层，在蒸汽模式下烘焙 10 分钟左右。再调换一下面包放置的方向，在 180℃的非蒸汽模式下再烘焙 10 分钟。

利用主料和辅料制作的奶油面包（浓厚型口感）

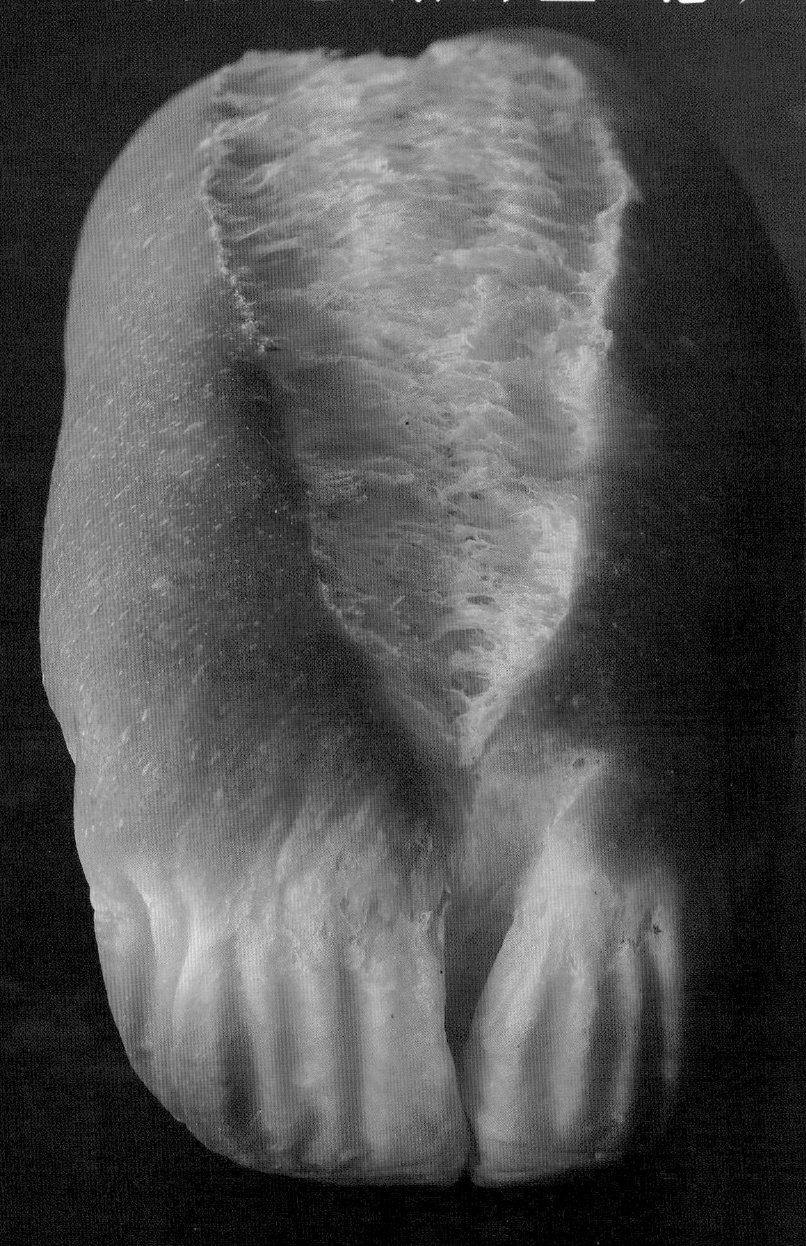

这种面包延展性特别好，硬度不高，而且口感浓厚，有种烘烤点心的香气。面包芯也十分松软。

高筋面粉（春之丰）	100g	100%
* 下列材料可以装在塑料袋里称量。		
天然有机酵母	0.8g	0.8%
盐	1.5g	1.5%
白砂糖	10g	10%
香草籽	5mm 长	
* 将小刀伸入香草豆荚中，用刀挖出籽。		
蛋黄	20g	20%
鸡蛋	20g	20%
牛奶	40g	40%
发酵黄油	20g	20%
* 黄油也可以使用无盐型的。		
白砂糖	5g	5%
合计	217.3g	217.3%

工序

和面搅拌

面团温度 25℃

一次发酵

在 30℃下发酵 90 分钟→在冰箱中静置一晚上

分割面团

将面团 2 等分

成型

最终发酵

在 30℃下发酵 120 分钟

烘焙

在 180℃下烘焙 15 分钟（非蒸汽模式下）→调换方向→在 180℃下再次烘焙 3 ~ 5 分钟（非蒸汽模式下）

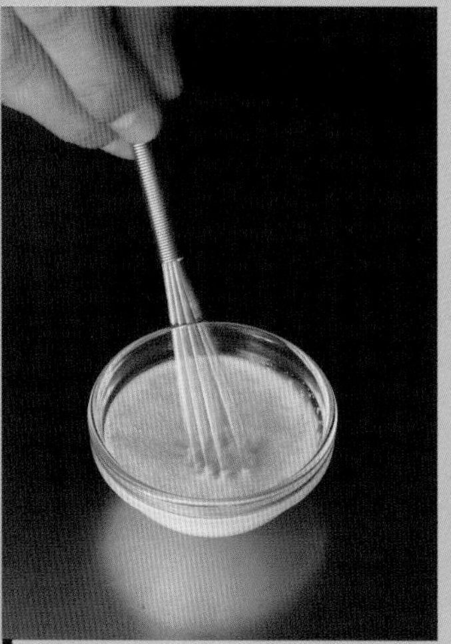

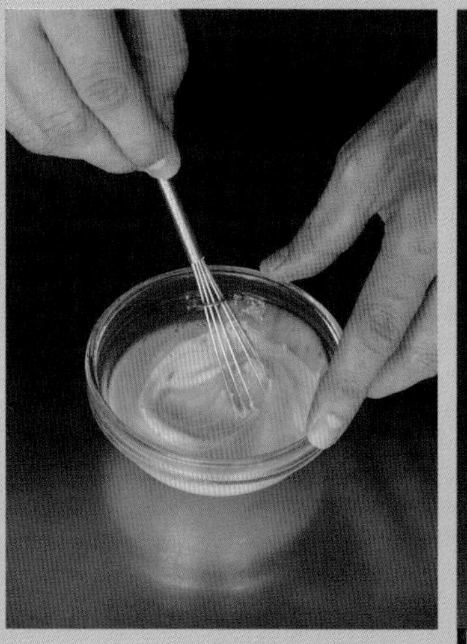

将鸡蛋倒入小碗内，加入蛋黄，用打蛋器混合均匀。

将酵母加到牛奶里，混合均匀，然后将蛋液倒入牛奶中，再次混合均匀。

在碗里放入盐和 10g 的白砂糖，然后放入刚刚混合好的蛋液。

和面

用刮板刮下粘在碗上的面团，放置于案板上。
一边用双手指尖像写“八”字一样揉搓面团，一边将面团延展成边长 20cm 左右的正方形。

刮下粘在手上的面团，然后将面团收拢到案板中央。

一边揉搓开面疙瘩，一边延展面团。

将盐和糖充分搅拌至完全融合于蛋液中。

将香草籽也加入蛋液中，用硅胶铲混合所有材料。

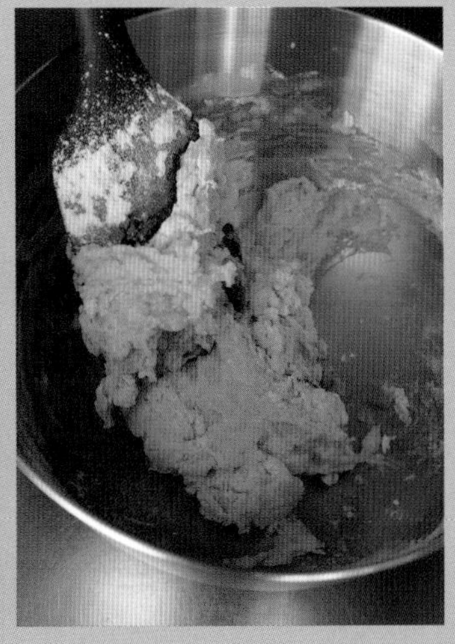

碗里倒入面粉，混合所有材料至碗中没有散粉为止。用刮板刮下粘在硅胶铲和碗上的面粉。

将面团倒在案板上。

将面团从案板上整块拿起，摔打在案板上，再将其对折，如此反复 6 次，为 1 组。反复做 4 组，每组摔打面团的力量按弱→强、弱→强来交替进行。

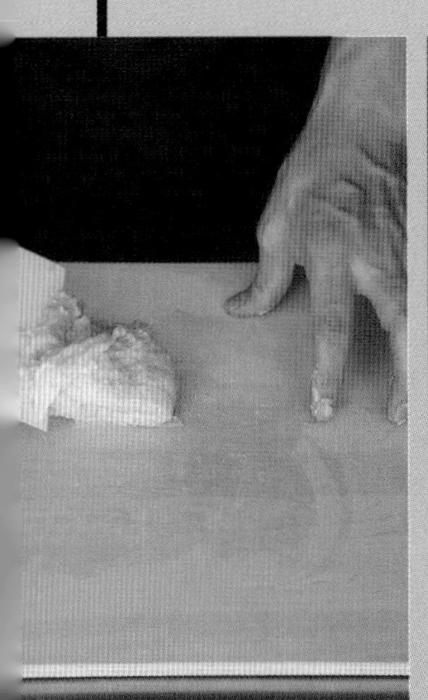

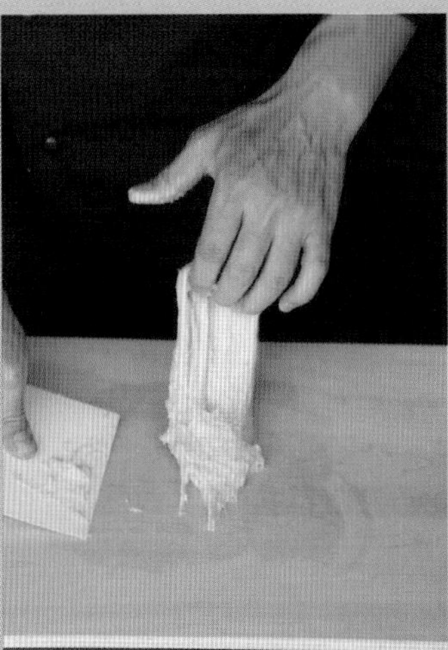

下图是 4 组和面动作做完之后的面团状态。

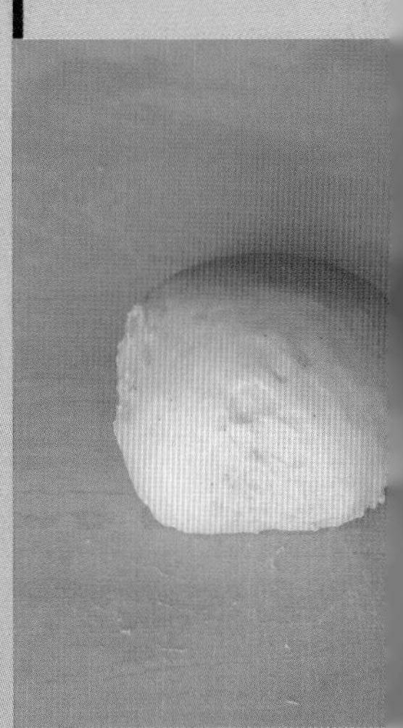

这种面包用的黄油较多，最好将砂糖和黄油混合后再加到面团上，这样容易乳化，能使黄油和面团融合得更好。

用手混合黄油和 5g 白砂糖。

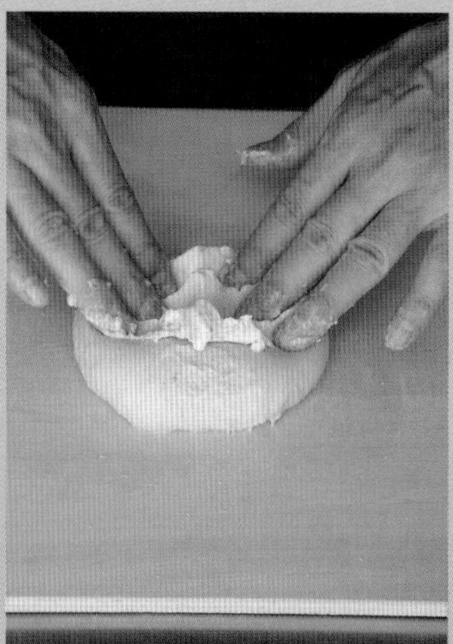

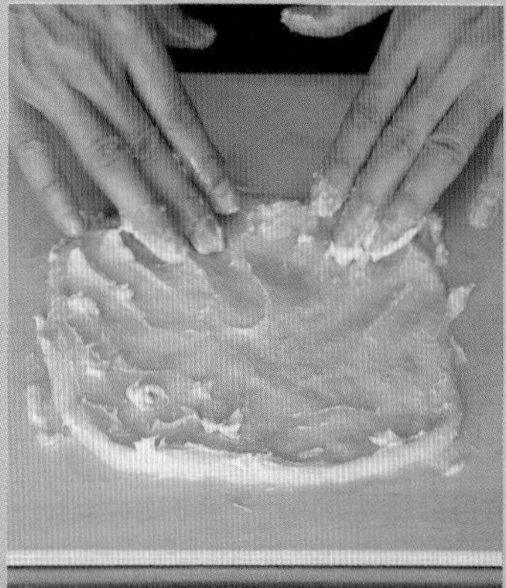

将黄油涂在指尖上，然后再抹到面团上。一边抹黄油，一边将面团延展成边长 20cm 左右的正方形。

用刮板将面团分成两半，然后将其中一半叠加在另一半上面，再用力按压面团。重复 8 次。

将面团从案板上整块拿起，摔打在案板上，对折，调换面团方向，如此反复 6 次，为 1 组。反复做 5 组，每组摔打面团的力量按弱→强、弱→强来交替进行。

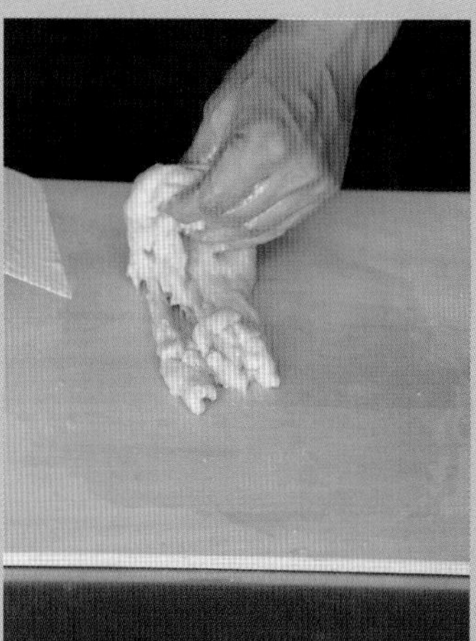

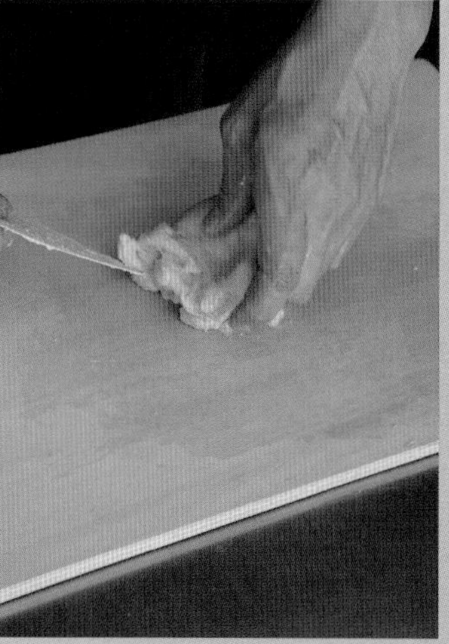

下图是 5 组二次和面的动作做完之后的面团状态。

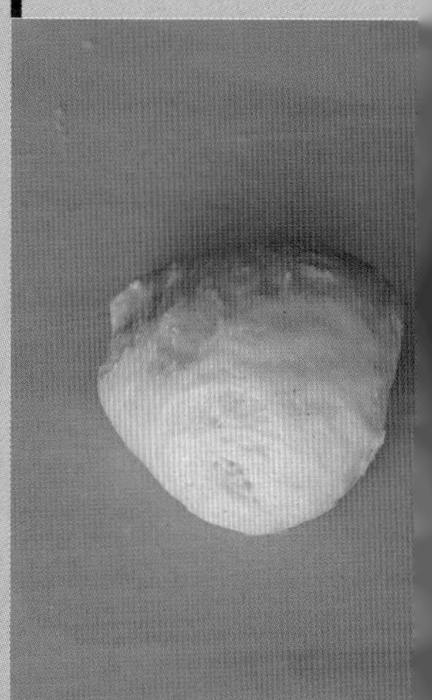

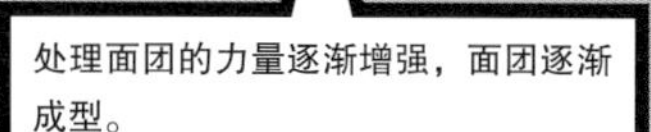

直接叠加面团即可，不要翻面。如果两个都抹了黄油的面叠加到一起，面团的乳化效果会变差，融合度降低。

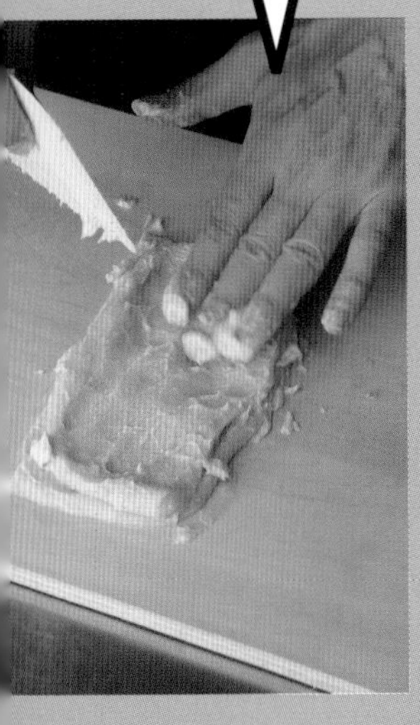

上图是 8 次叠加后的面团状态。

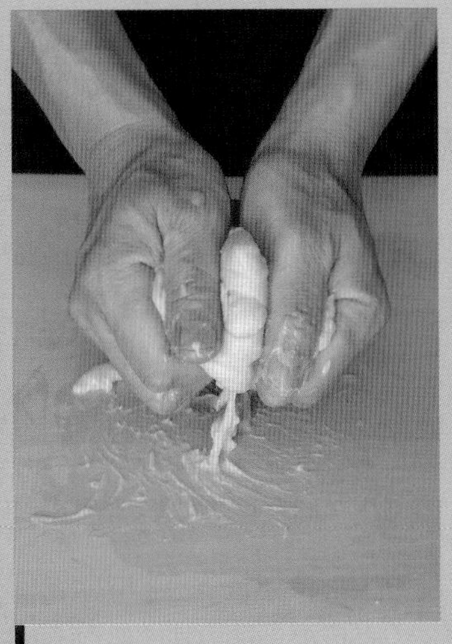

用双手轻轻捏起面团，使其成型。

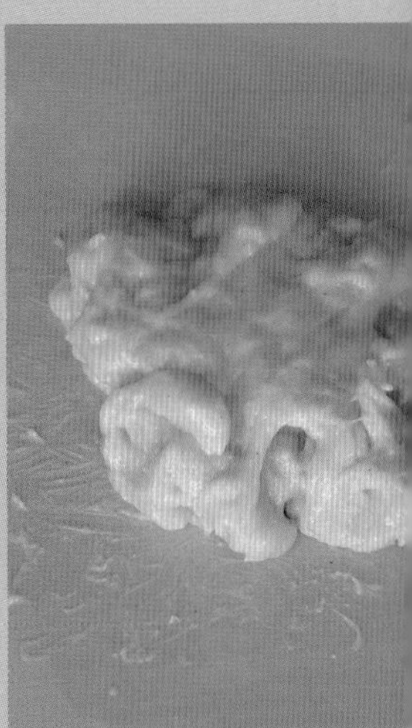

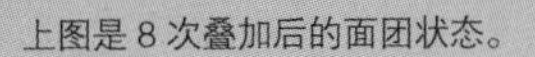

一次发酵

将碗盖在面团上，静置 3 分钟。

将面团放在手上，整理好面团的形状，放入发酵容器中。

面团温度 25 ℃

因为面团油脂比较多，比松软型白面包的延展性更好，因此要仔细整理面团的形状。

在 30℃下发酵 90 分钟，然后放入冰箱中冷藏一晚。

面团发酵过程中会不断变松弛，横向延展开。

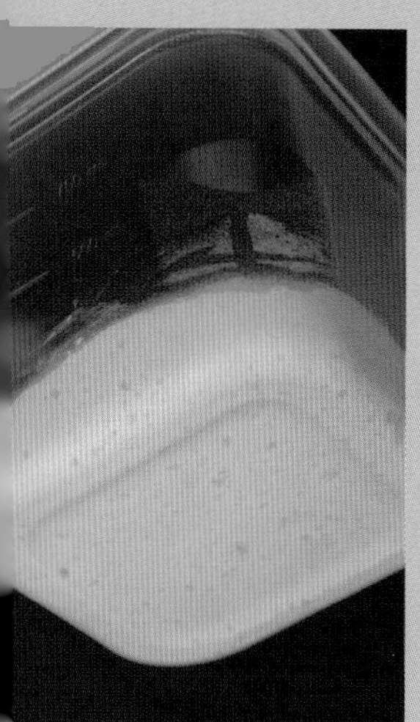

发酵结束后，看一下容器的底部，能够发现面团里有很多的气泡。

在案板和容器四周撒些面粉，然后将刮板插入发酵容器的边缘，从容器中取出面团。

用刮板将发酵好的面团切割成两半。在称重计上称一下，使两块面团的重量一样。

分割面团

将一只手放在面团的中央，前后滚动，然后改换成用双手前后滚动，延展面团的长度，最后将其放入烘焙容器中。

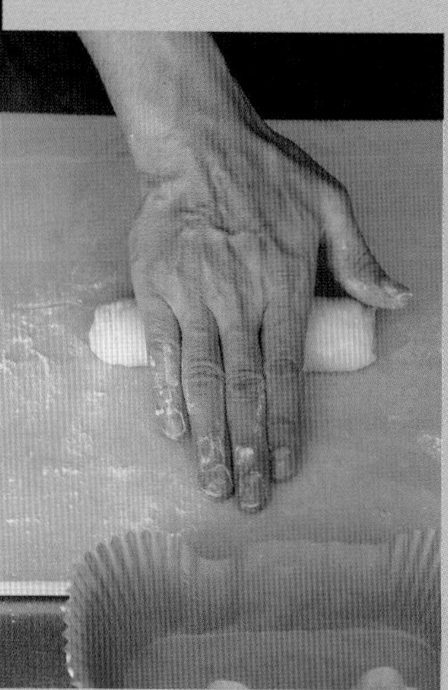

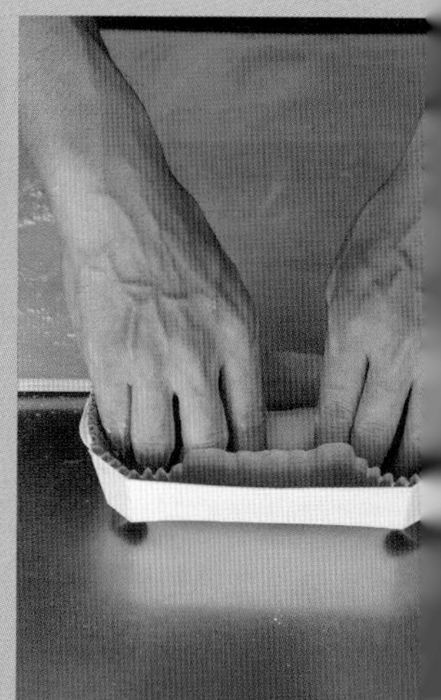

通过挤压去除气泡，使剩余气泡的大小和温度固定在一定范围内。

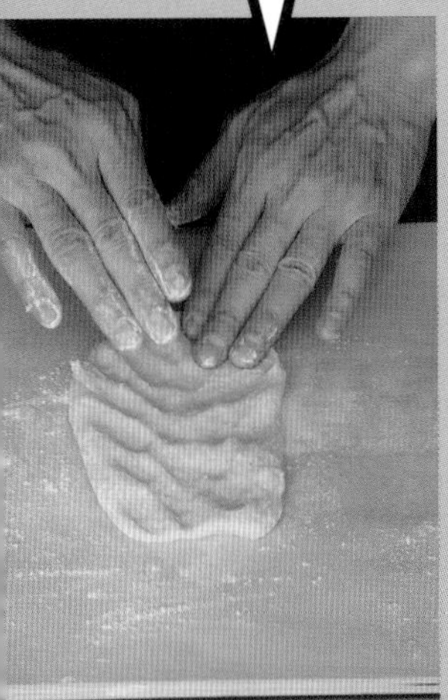

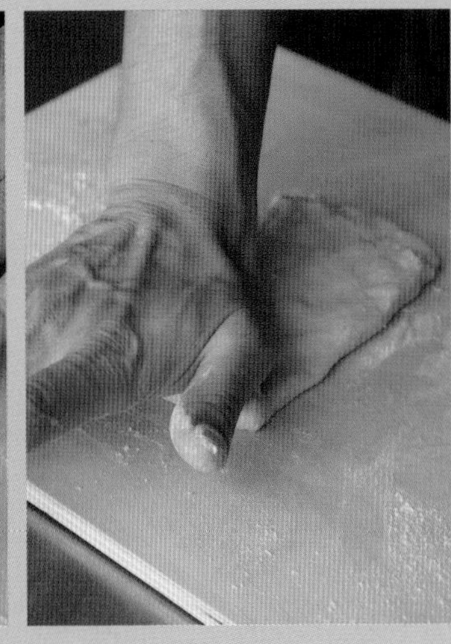

在案板上撒上少许面粉，用双手指尖用力按压面团，将其延展成长方形。
从前端将面团折进来 2cm 左右，用掌根在接口处用力按压，再折进来 2cm，再按压，重复这组动作至面团的末端。

成型

最终发酵

在 30℃下发酵 120 分钟。

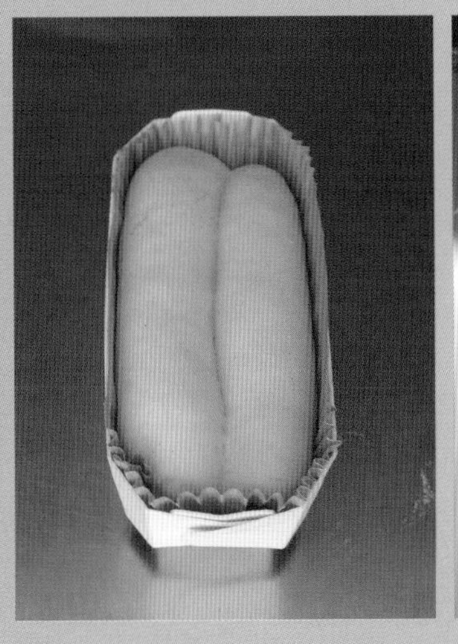

将两块面团卷的最终接口处按相对的方向放置。其断面如右图显示。

烘焙

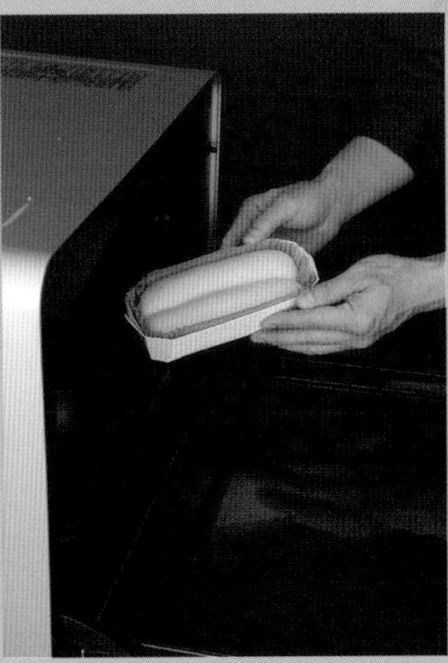

电烤箱预热至 180℃，然后将面团放入烤箱下层，在非蒸汽模式下烘焙 15 分钟左右。再调换一下面包放置的方向，在 180℃的非蒸汽模式下再烘焙3 ~ 5分钟。

利用主料和辅料制作的巧克力坚果奶油面包

这种面包是奶油面包（p88）的改良版。比起普通的奶油面包，其口感更加浓厚，富有风味。面包表皮有种烘烤点心的香气，里面则是软糯的口感。

□ 中种面团

中筋面粉（Risdouru）	32g	40%
天然有机酵母	0.4g	0.5%
水	19.2g	24%
合计	51.6g	64.5%

□ 面包整体材料

高筋面粉（Super Camellia）	48g	60%
杏仁粉（带皮杏仁）	8g	10%
可可粉	4g	5%
中种面团	51.6g	64.5%
天然有机酵母	0.2g	0.3%
盐	1.1g	1.4%
白砂糖	4g	5%
炼乳	8g	10%
蛋黄	24g	30%
鸡蛋	16g	20%
生奶油	16g	20%
牛奶	8g	10%
发酵黄油	32g	40%
* 黄油也可以使用无盐型的。		
白砂糖	8g	10%
碧根果（炒熟后）	16g	20%
奶油巧克力	12g	15%
合计	256.9g	321.2%

工序

□ 中种面团

和面搅拌

面团温度 23℃

↓

发酵

在 30℃下发酵 120 分钟→在冰箱中静置一晚上

□ 整体面包制作

和面搅拌

面团温度 24℃

↓

一次发酵

在 30℃下发酵 90 分钟→在冰箱中静置一晚上

↓

分割面团

将面团 3 等分

↓

成型

↓

最终发酵

在 30℃下发酵 90 ~ 120 分钟

↓

烘焙

在 180℃下烘焙 15 分钟（非蒸汽模式下）→调换方向→在 180℃下再次烘焙 3 ~ 5 分钟（非蒸汽模式下）

* 中种面团和主料中的面粉都可以装入塑料袋中称量。

中种面团的制作

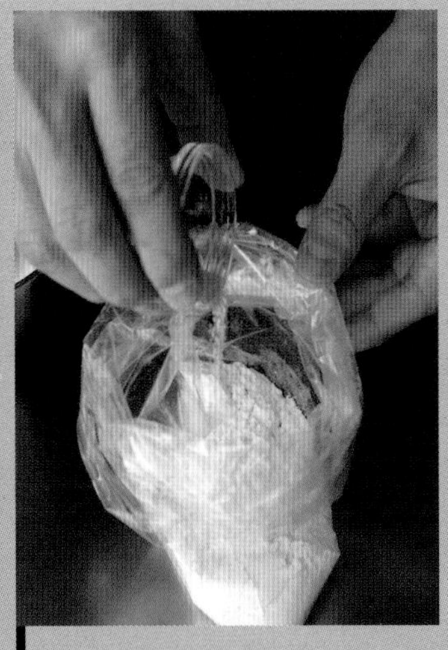

在装满面粉的塑料袋中放入天然有机酵母，摇晃塑料袋使其混合，然后倒入已经装满水的碗里。

和面

和面

将鸡蛋倒入小碗内，加入蛋黄，用打蛋器混合均匀。

将酵母加入牛奶里，混合均匀，然后将鸡蛋和生奶油倒入牛奶中，再次混合均匀。

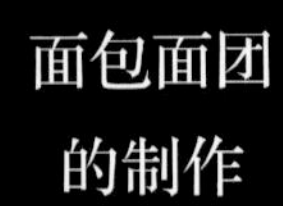

面包面团的制作

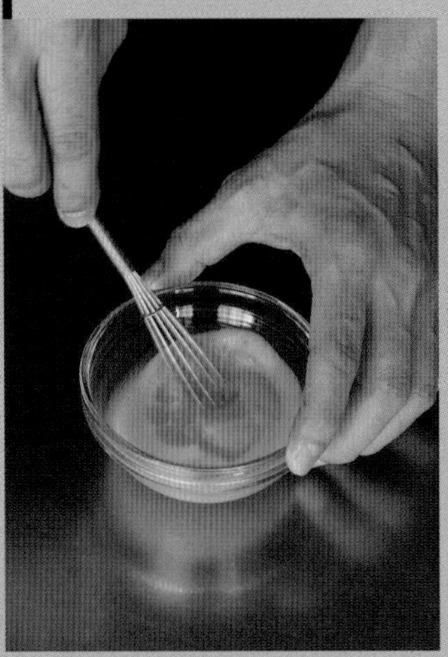

注意不要和面过度！只有少许面团粘在其他地方的时候就可以停止和面了。

在使用发酵好的中种面团时，要提前放在室温下静置 30 分钟。

用硅胶铲不停地混合材料至碗中没有散粉为止。

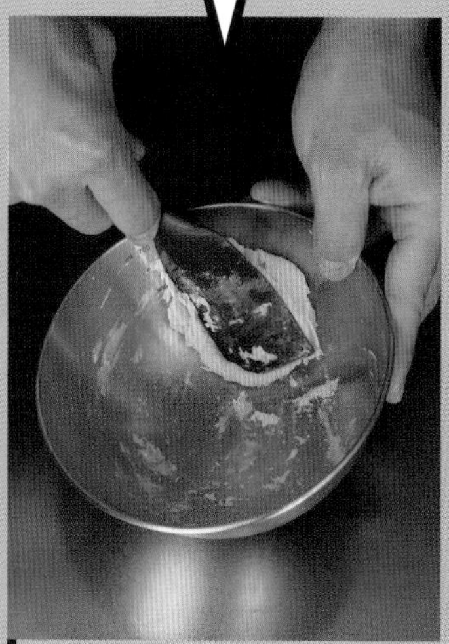

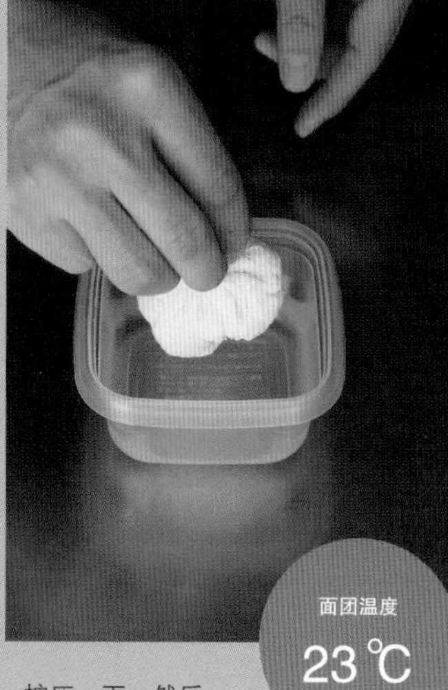

当面团和成一团的时候，收拢在碗壁上，按压一下，然后放入发酵容器中。

面团温度
23 ℃

在 30℃下发酵 120 分钟然后放入冰箱中冷藏一晚上。

发酵

在碗里放入盐、炼乳和 4g 的白砂糖，然后放入刚刚混合好的蛋液。

用硅胶铲不停搅拌，使盐和糖充分融合于蛋液中。

将杏仁粉和可可粉放入装满面粉的塑料袋中，摇晃塑料袋使其混合，然后倒入碗状盆里。

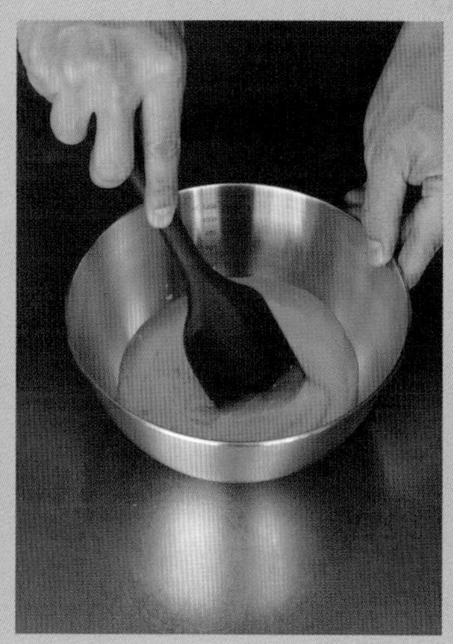

混合材料至碗中没有散粉为止。

将面团放置在案板上，旁边放置已经制作好的中种面团。

按逆时针方向不停地旋转整个面团。

旋转至白色中种面团的颜色消失为止。然后用刮板刮下粘在手上的面团。

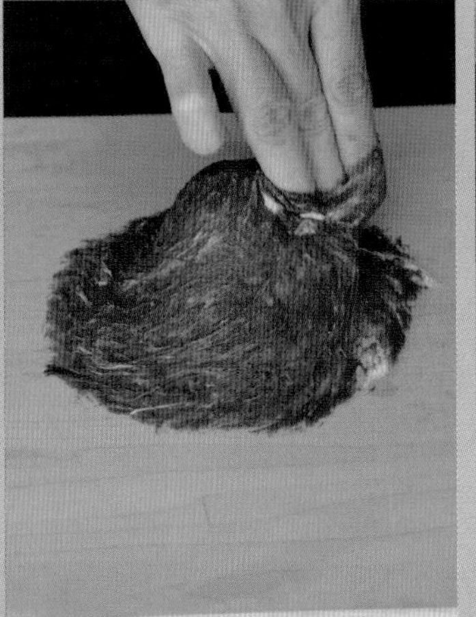

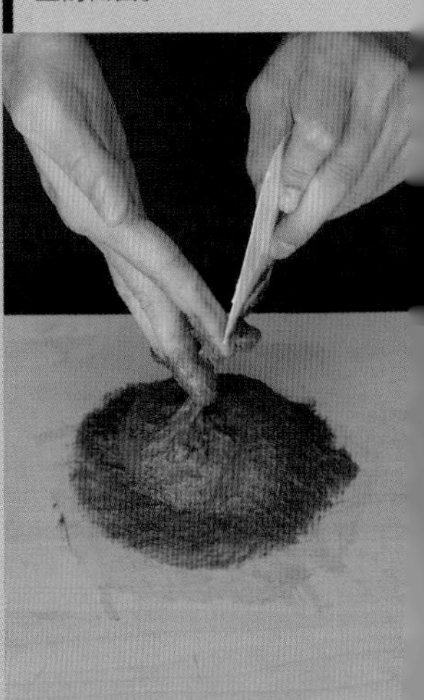

在旋转过程中，中种面团会延展开，并在整个面团上形成白色的纹路。将图中的白色部分当作谷蛋白，就能够理解其为什么会呈线状延展了。

用刮板将中种面团切成小块，均匀分布在面包的主料面团上。如果面团一面放满了中种面团，翻面，将剩下的中种面团放在面团背面。

将 3 根手指插入面团的正中央。

将面团收拢好，摔打在案板上，对折，如此反复 6 次，为 1 组。反复做 4 组。

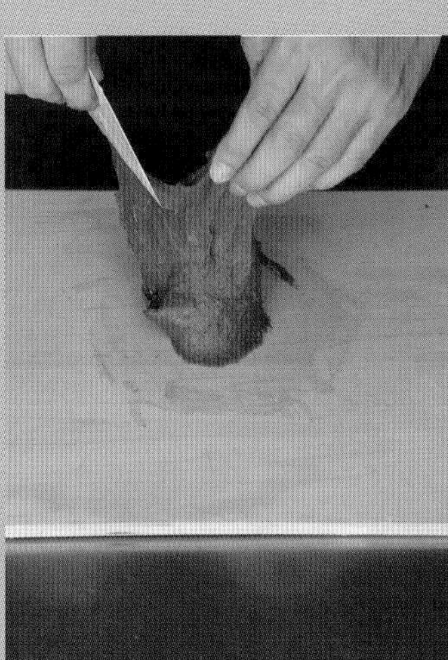

下图是 4 组和面动作做完之后的面团状态。

这种面包用的黄油较多，最好将砂糖和黄油混合后再加到面团上，这样容易乳化，使黄油和面团融合更好。

用手混合黄油和 8g 白砂糖。

将黄油涂在手指尖上，然后再抹到面团上。一边抹黄油，一边将面团延展成边长 20cm 左右的正方形。

用双手轻轻捏起面团，使其成型。

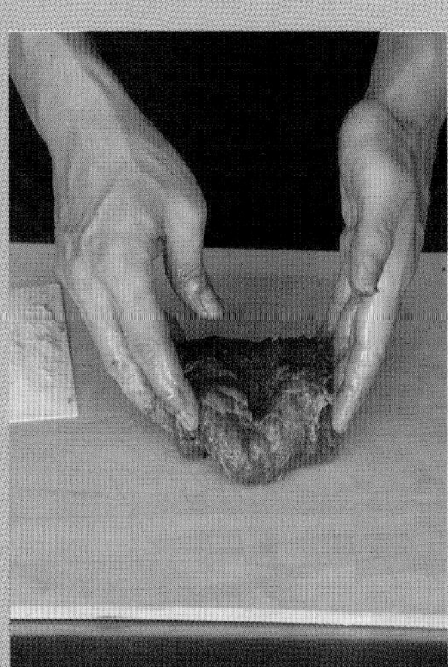

用刮板将面团收拢好，然后从面团下面抄起整个面团，摔打在案板上，如此反复 10 次，为 1 组。反复做 4 组，每组摔打面团的力量按弱→强、弱→强来交替进行。

直接叠加面团即可，不用将其中一半翻面再叠加。如果抹上黄油的两个面叠加到一起，会使面团的乳化效果变差，融合度降低。

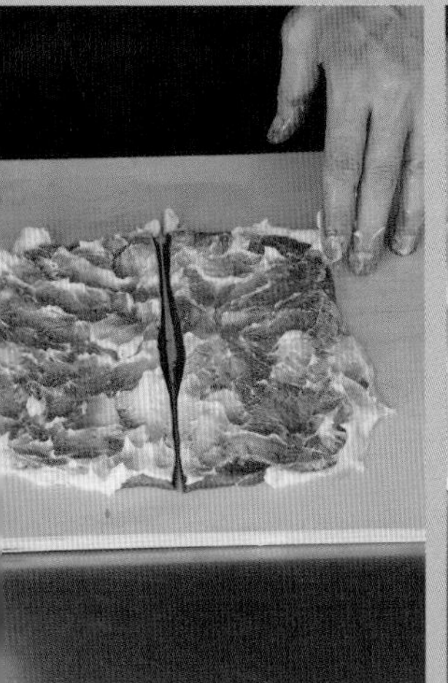

用刮板将面团分成两半，然后将其中一半叠加在另一半上面，再用力按压面团。重复 8 次。

牛奶巧克力掰成小块，放在面团上。用刮板将面团收拢好，并从面团下面抄起整个面团，摔打在案板上，如此反复 10 次。

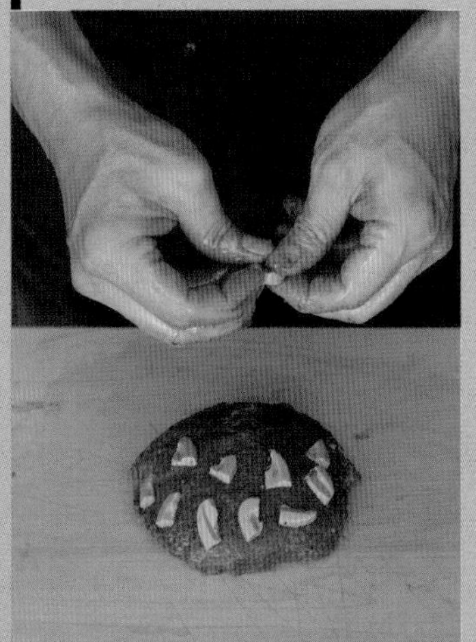
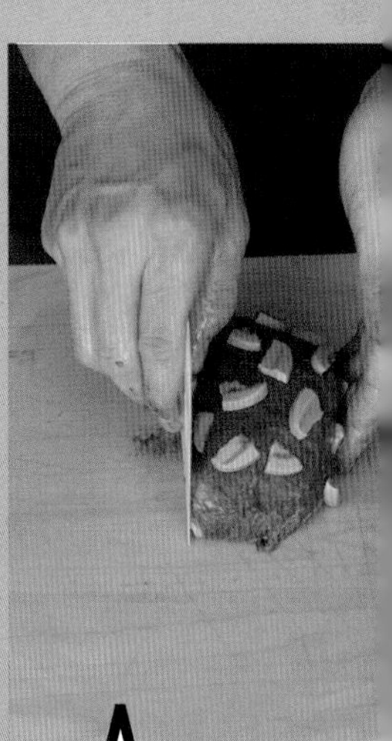

处理面团的力量逐渐增强，面团逐渐成型。

摔打的过程中要保持面团中心始终有一块巧克力，结束后巧克力周围的面团会得到明显的延展。

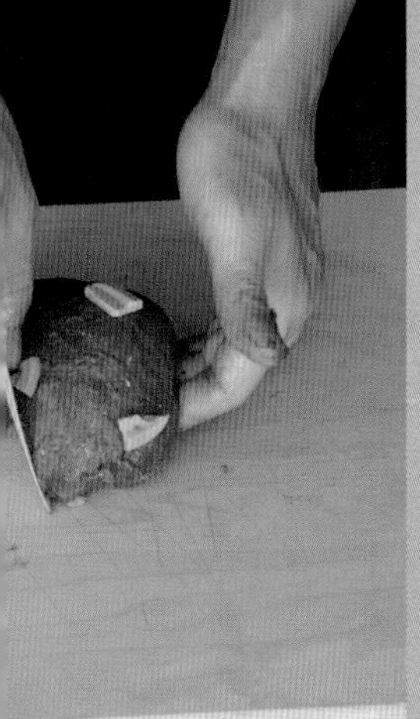

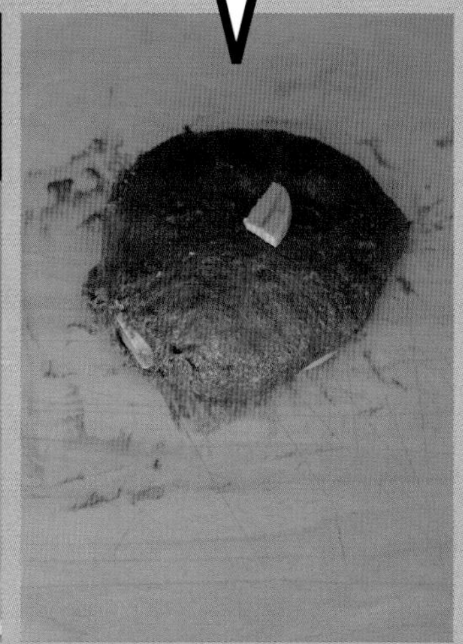

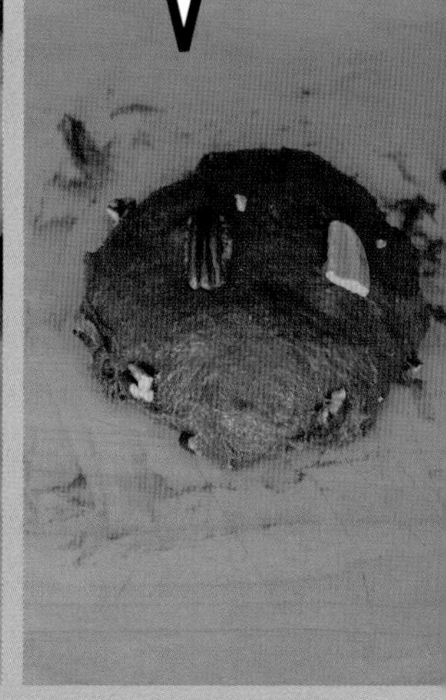

碧根果掰成小块，放在面团上。用刮板将面团收拢好，并从面团下面抄起整个面团，摔打在案板上，如此反复 10 次。

分割面团

在案板和容器四周撒上较多的面粉，然后将刮板插入容器边缘，取出面团。

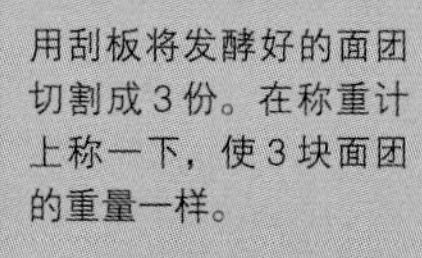

用刮板将发酵好的面团切割成 3 份。在称重计上称一下，使 3 块面团的重量一样。

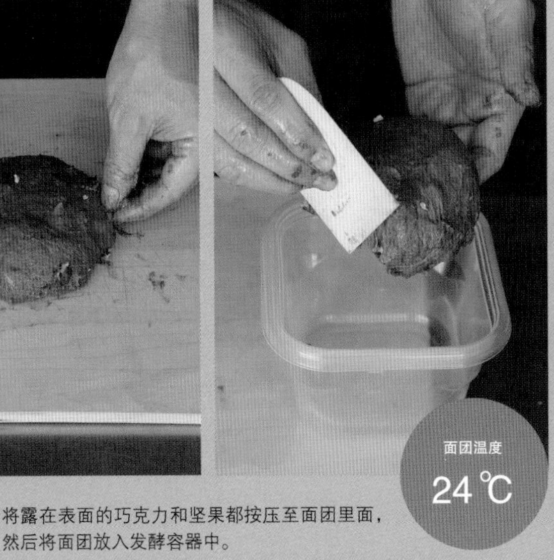

将露在表面的巧克力和坚果都按压至面团里面，然后将面团放入发酵容器中。

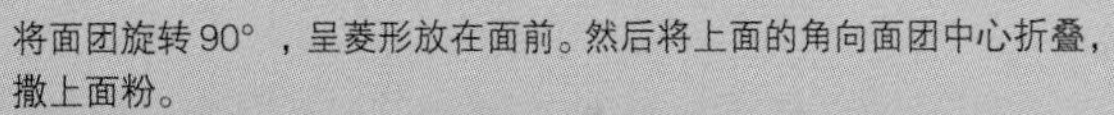

在 30℃下发酵 90 分钟，然后放入冰箱冷藏一晚上。

一次发酵

成型

在指尖撒上少许面粉，用指尖用力按压面团，将其延展成边长 10cm 左右的正方形。

将面团旋转 90°，呈菱形放在面前。然后将上面的角向面团中心折叠，撒上面粉。
按顺时针方向旋转 45°，共旋转 6 次，每次旋转之后都要将上面的角向面团中心方向折叠。

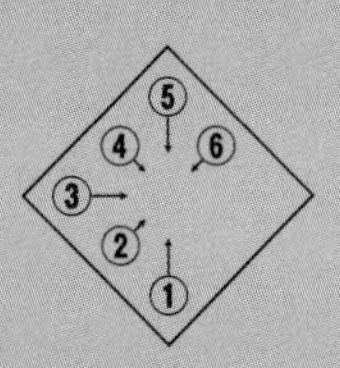

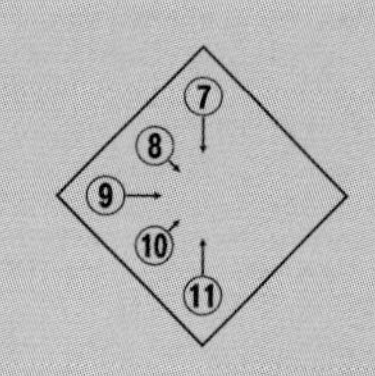

再按反方向旋转 45°，共旋转 5 次，折面团 5 次。

将最终接口处向下放在手上，整理好面团形状。

如果这一过程中巧克力和坚果露到面团外面，再次按压到面团里面，最后将面团放入烘焙容器中。剩下的 2 块面团也用同样的方法成型，放入烘焙容器中。

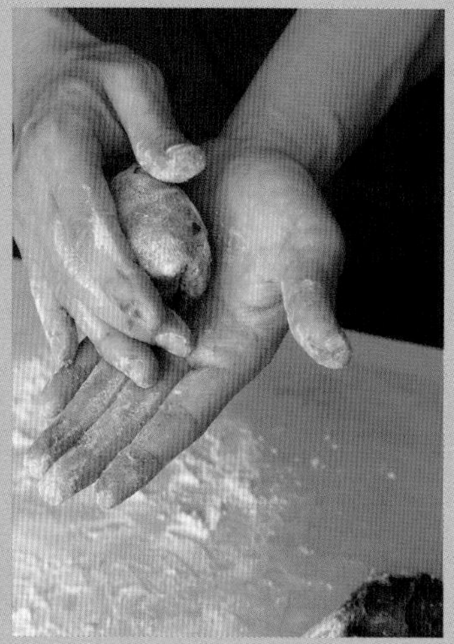

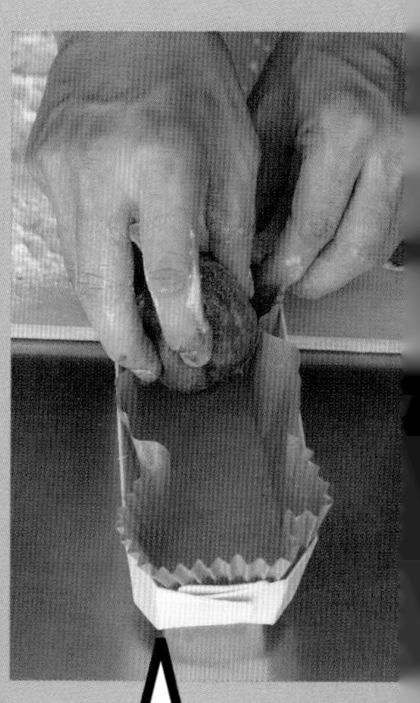

面团黏性较大，所以要一边在面团上不断地撒粉，一边整形。

将面团放入烘焙容器时，面团表面的面粉会散落下来。

最后一次折进去的部分要用手指按压，使其被包到面团里面。

最终发酵

在 30℃下发酵 90 ～ 120 分钟。

因为放入了巧克力、坚果等材料，所以 3 份面团之间的反作用力很强。

烘焙

电烤箱预热至 180℃，然后将面团放入烤箱下层，在非蒸汽模式下烘焙 15 分钟左右。再调换一下面包放置的方向，在 180℃的非蒸汽模式下再烘焙 3 ～ 5 分钟。

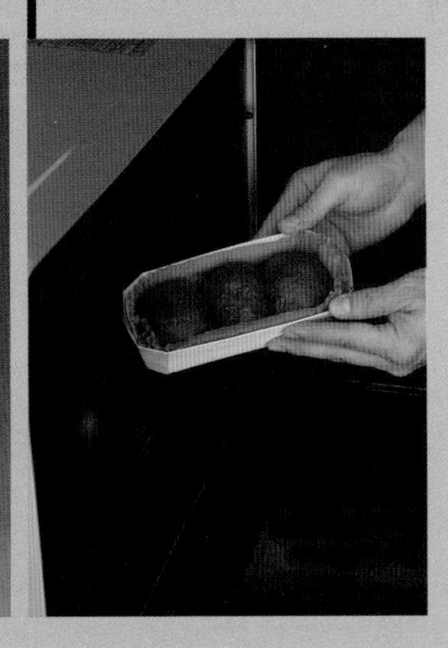

利用主料和辅料制作的夹心白面包

这种面包和用中筋面粉制作的传统白面包(P34)一样，因为面团较为柔软，所以延展性很好，在发酵过程中会发生面团破损等现象。面包内部有大大小小的气泡，口感松软，但由于气泡分布不均，导致面包口感也会有所不同。不过，此面包比传统的白面包延展性更好，而且因为使用了发酵种，能更好地体现面粉的风味，口感更绵密。

材料

可用于制作 1 个（大烘焙模具）的面包

□ 液态发酵面团

材料	重量	比例
高筋面粉（石磨研磨型）	40g	20%
天然有机酵母	0.2g	0.1%
水	48g	24%
合计	88.2g	44.1%

□ 面包整体材料

材料	重量	比例
高筋面粉（春之丰）	160g	80%
液态发酵面团面团：	88.2g	44.1%
天然有机酵母	0.6g	0.3%
盐	4g	2%
麦芽酒（稀释后）：	2g	1%
* 麦芽酒：水 =1：1 比例稀释。		
水	110g	55%
起酥油	6g	3%
合计	370.8g	185.4%

*液态发酵面团和主料中的面粉都可以装入塑料袋中称量。

工序

□ 液态发酵面团

和面搅拌

面团温度 23℃

↓

发酵

在 28℃下发酵 2 小时 30 分钟→在冰箱中静置一晚上

□ 整体面包制作

和面搅拌

面团温度 26℃

↓

一次发酵

在 28℃下发酵 30 分钟→二次发酵→在 28℃下发酵 2 小时

↓

分割面团

将面团 2 等分

↓

醒面

在 28℃下进行 10 ~ 15 分钟

↓

成型

↓

最终发酵

在 30℃下发酵 90 分钟

↓

烘焙

在 210 ℃下烘焙 15 分钟（蒸汽模式下）→调换方向→在 210℃下再次烘焙 10 ~ 15 分钟（非蒸汽模式下）

液态发酵面团的制作

在面粉中放入酵母，用打蛋器混合均匀。

在面粉中间挖一个小小的洞，然后将水一点点注入其中。

和面

和面

在碗里加入盐、水，用硅胶铲搅拌至盐充分化开。

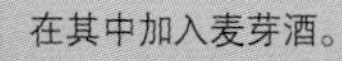

在其中加入麦芽酒。

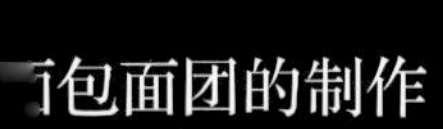

包面团的制作

将周围的面粉不断混合进水中，用打蛋器充分搅拌面粉和水。面团硬度不高，有点黏糊糊的。

面团温度
23℃

将面团放入较小的发酵容器里进行发酵。

在28℃下发酵2小时30分钟，然后放入冰箱冷藏一晚上。

发酵

在装满面粉的塑料袋中放入酵母，摇晃塑料袋使其混合。

在碗里放入发酵完成的液态发酵面团，然后倒入面粉。

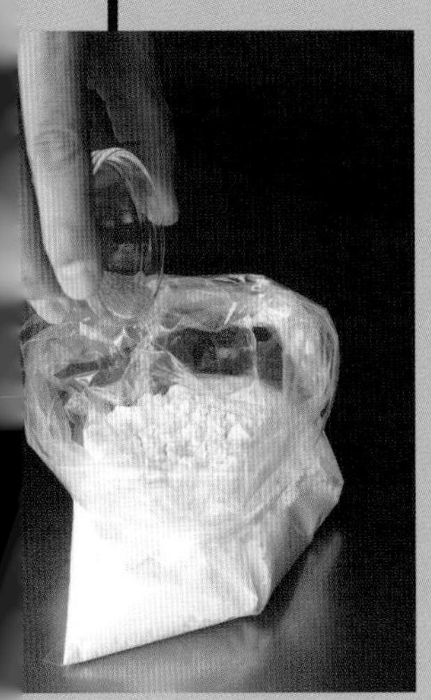

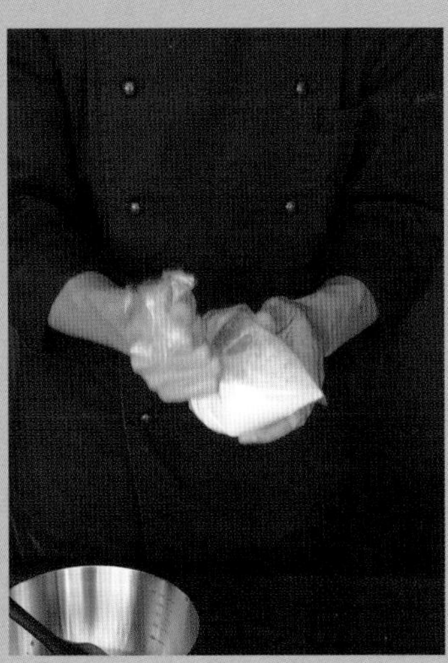

用硅胶铲不停地混合材料至碗中没有散粉为止。

用刮板刮下粘在硅胶铲和碗上的面团。

下图是 2 组和面动作做完之后的面团状态。

将起酥油涂在指尖，然后再抹到面团上。一边抹黄油，一边将面团延展成边长 20cm 左右的正方形。

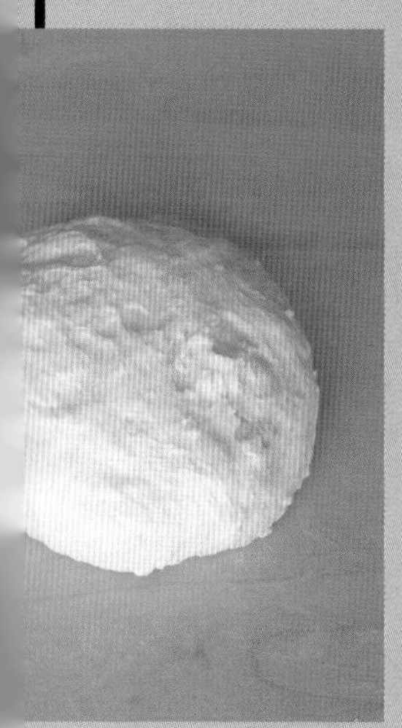

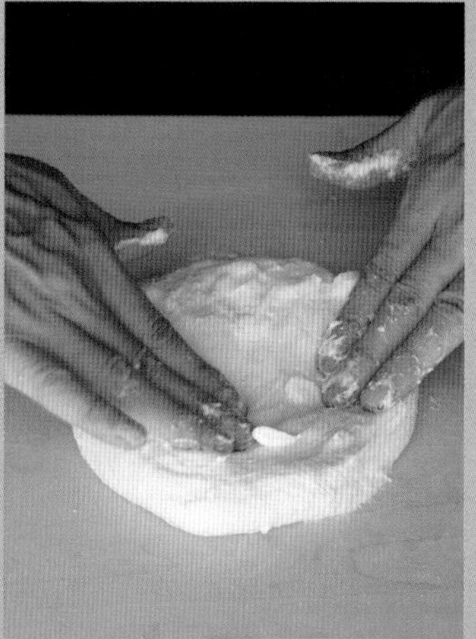

将面团放置在案板上。

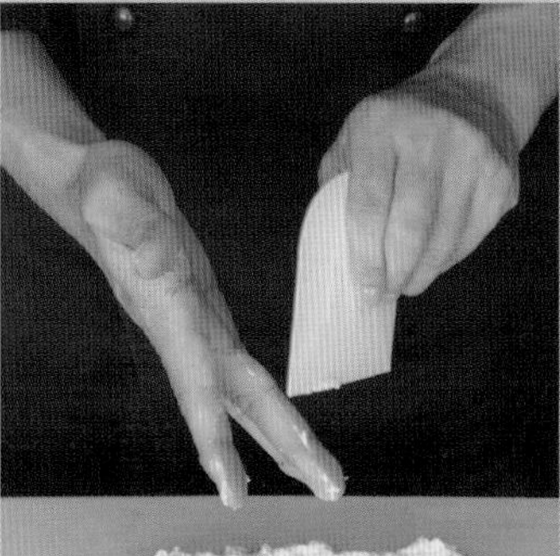

一边用指尖和匀面疙瘩，一边将面团延展成边长 20cm 左右的正方形。用刮板刮下粘在手上的面团。

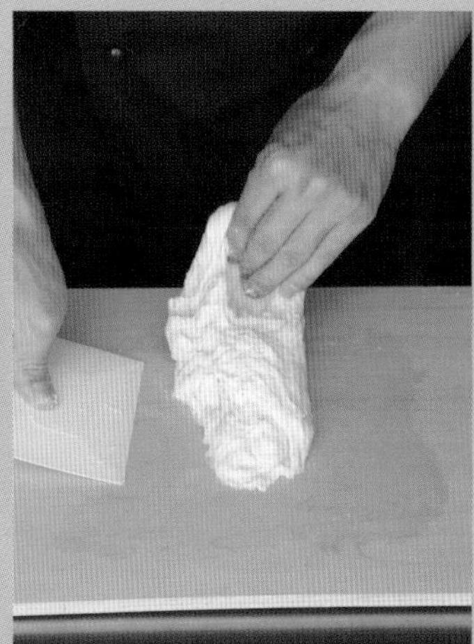

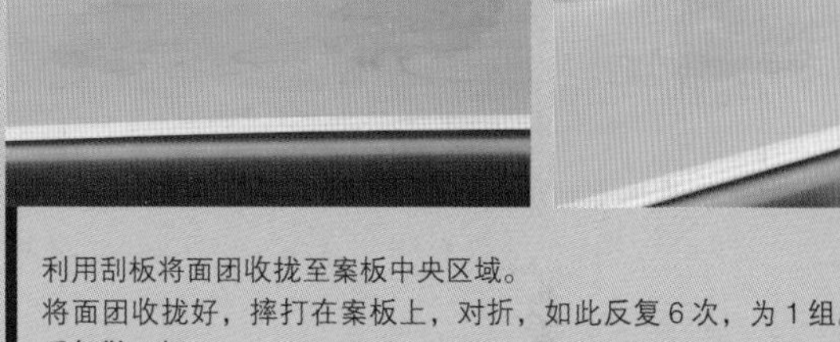

利用刮板将面团收拢至案板中央区域。
将面团收拢好，摔打在案板上，对折，如此反复 6 次，为 1 组。反复做 2 组。

用刮板将面团分成两半，将其中一半叠加在另一半上面。重复 8 次。

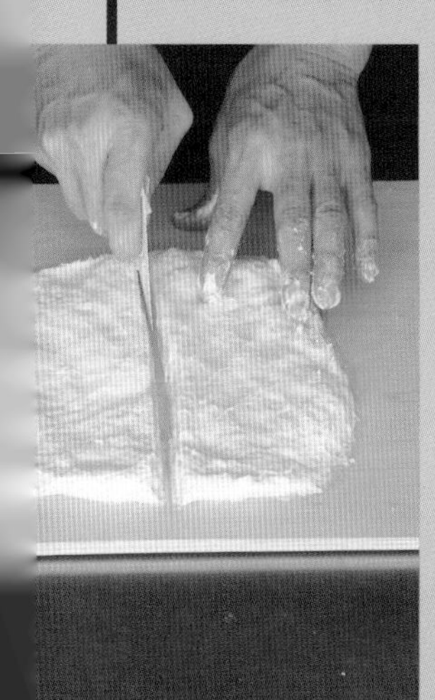

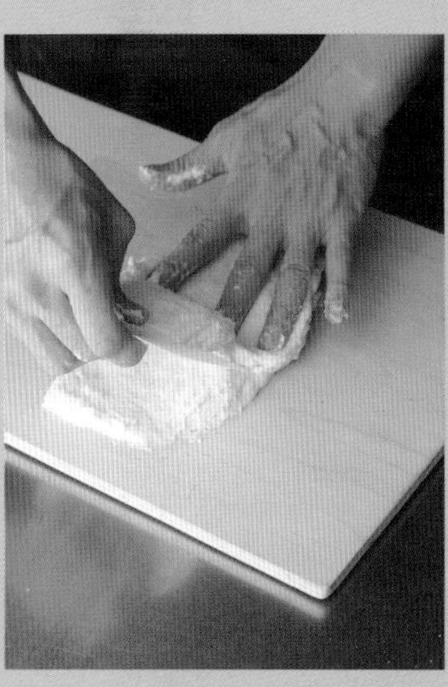

上图是 8 次叠加完成之后的面团状态。因为起酥油的用量很小，所以像制作松软型白面包（P76）一样轻柔地处理面团即可，不需要用很大的力气。

将面团收拢好，摔打在案板上，对折，如此反复 6 次，为 1 组。反复做 2 组。

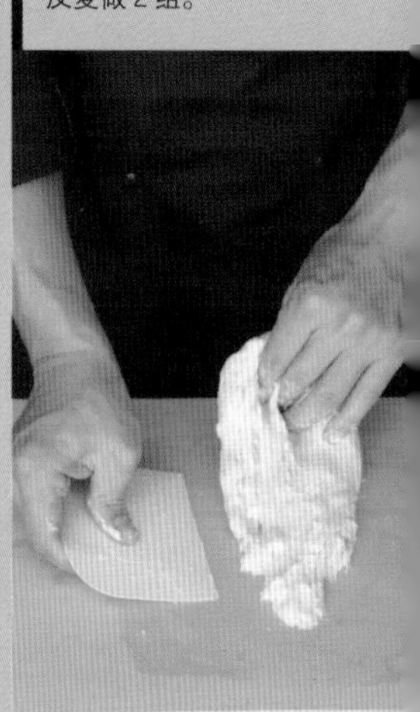

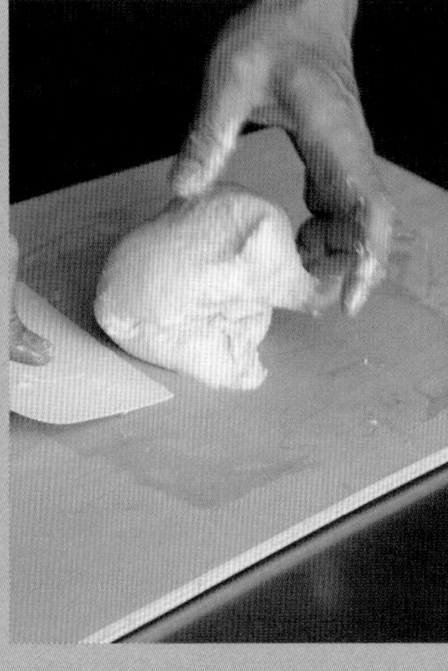

每组摔打面团的力量按弱→强、弱→强来交替进行。

将碗盖在面团上，静置 3 分钟。

整理好面团形状之后，
放入发酵容器中。

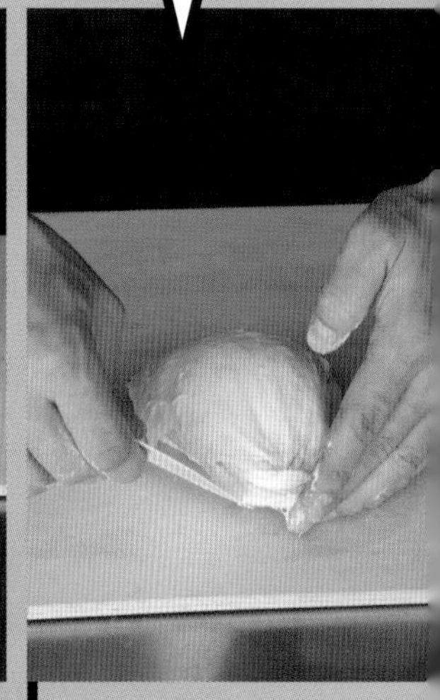

倒置发酵容器，将面团
倒在案板上。

分别从左侧和右侧将面团 3 等分对折。

撒上面粉，从靠近身
体的一侧向前 3 等分
对折面团。

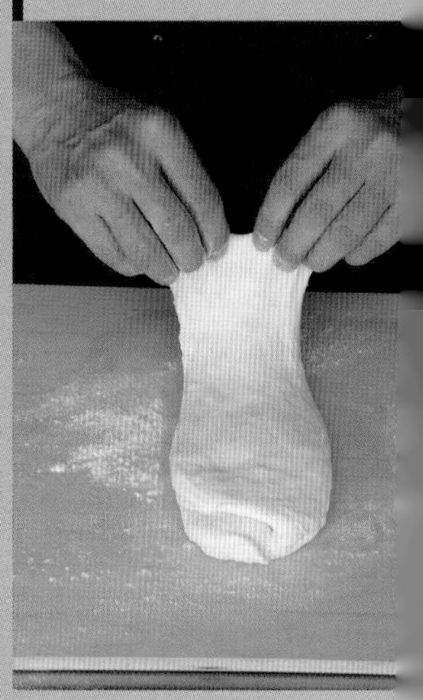

因为和面的次数比较少，所以谷蛋白的含量也相对较少。

在28℃下发酵30分钟。

面团在开始发酵前就已经松弛了，所以发酵30分钟后依旧是下图状态。

面团很容易粘到其他地方，所以一定要迅速地插入刮板，取出面团。

在案板和容器边缘撒上较多的面粉，将刮板迅速地插入容器边缘。

一次发酵

二次发酵

接口处向上放置，再次对折。

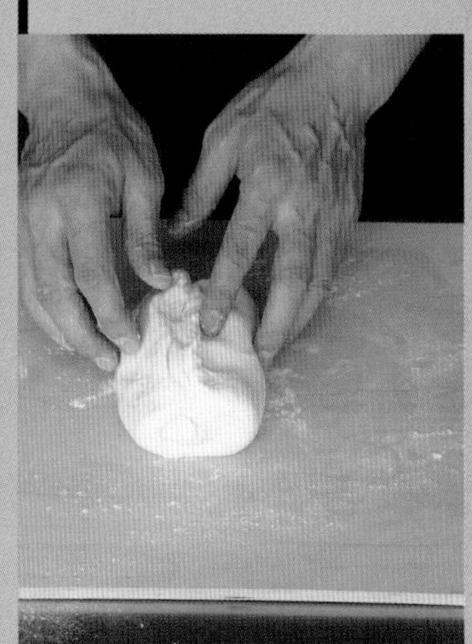

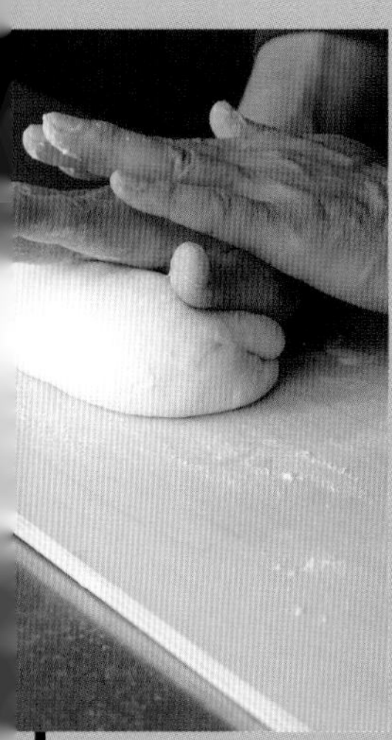
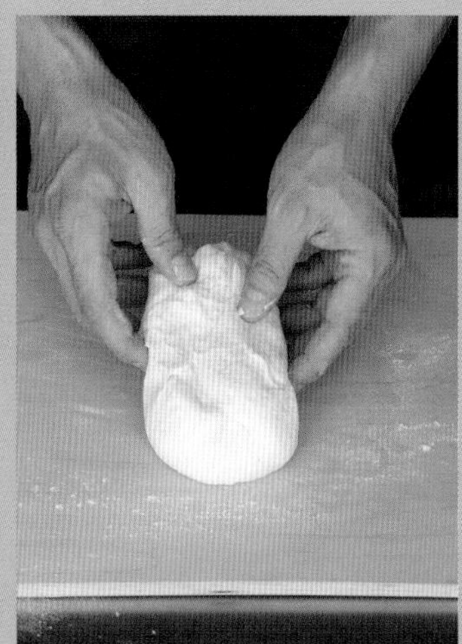

双手重叠，按压面团的接口处。

面团接口处向上放置，纵向摆放，再次对折。

再次重叠双手，按压面团的接口处。

将刮板插入发酵容器的边缘，倒置发酵容器，将面团倒在案板上。

用刮板将发酵好的面团切割成 2 份。在称重计上称一下，使 2 块面团的重量一样。

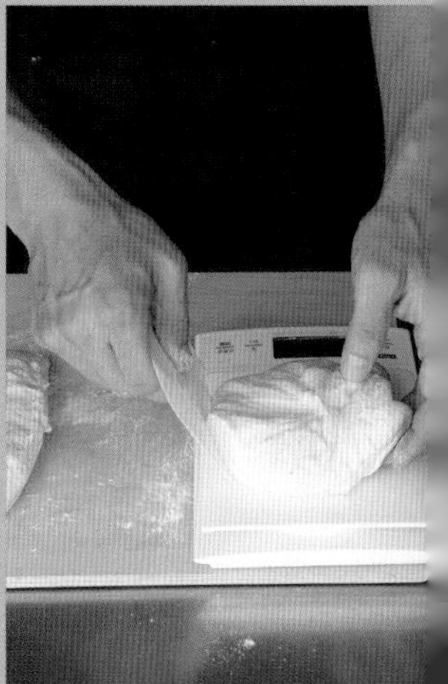

下图是二次发酵后的面团状态。

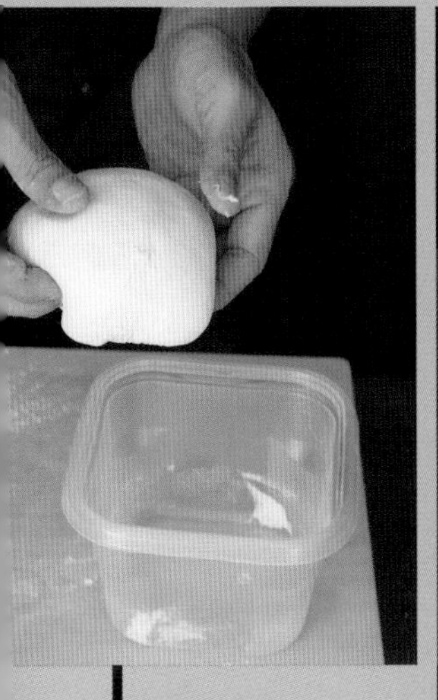

整理一下面团形状，以接口处朝下的状态放入发酵容器中。

在 28℃下发酵 2 小时。

在案板和容器边缘撒上较多的面粉。

分割面团

在靠近身体的一侧向前对折面团。

将接口处对着身体，从右向左对折面团。将最终的接口处折到面团底部。

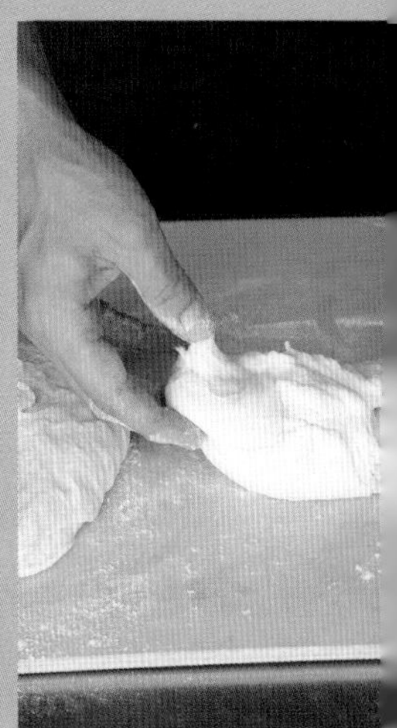

因为谷蛋白含量较少，所以处理面团时一定要轻柔，用力过度会导致面团破损。

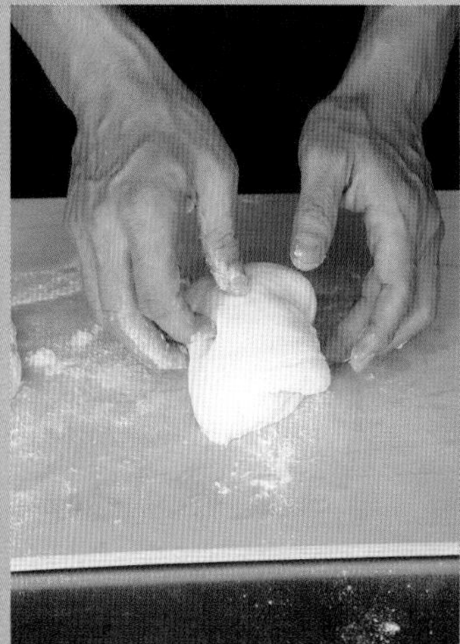
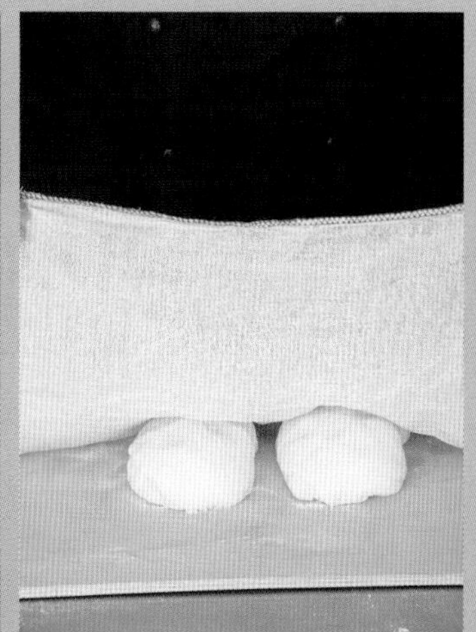

在面团上盖上略微沾湿的纱布，在 28℃下醒面 10 ~ 15 分钟即可。

面团翻面，呈菱形放在面前。

醒面

一边用手指捏着最后折叠的部分，一边将其包到面团里面。

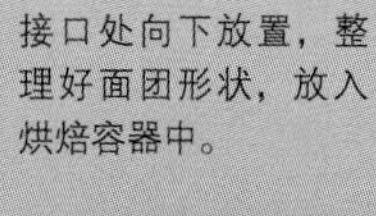
接口处向下放置，整理好面团形状，放入烘焙容器中。

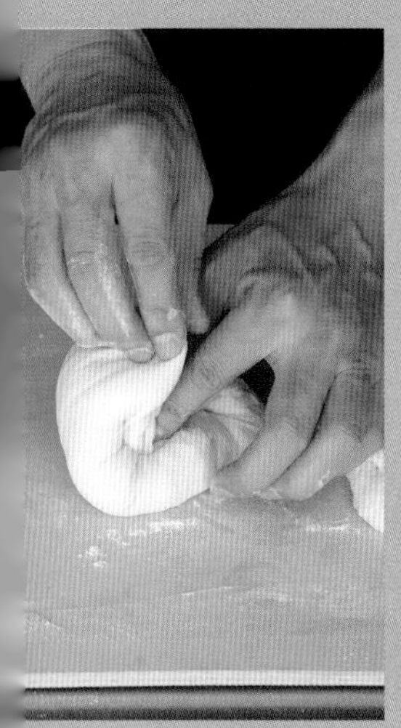

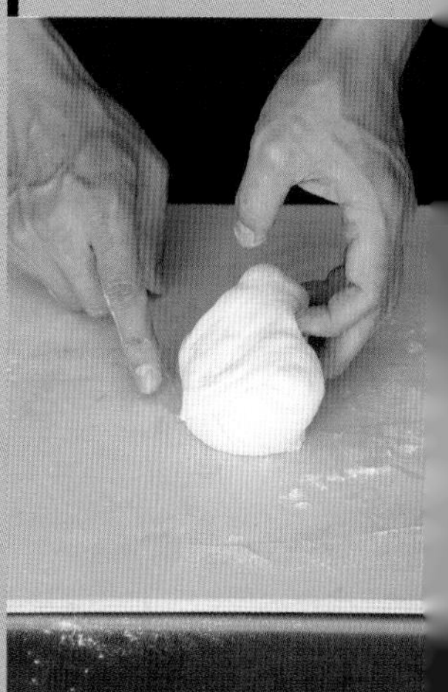

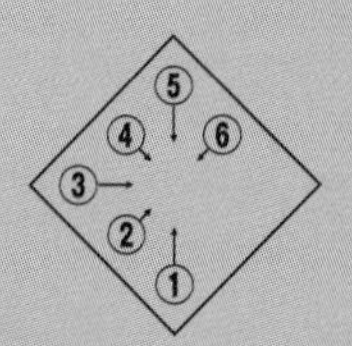

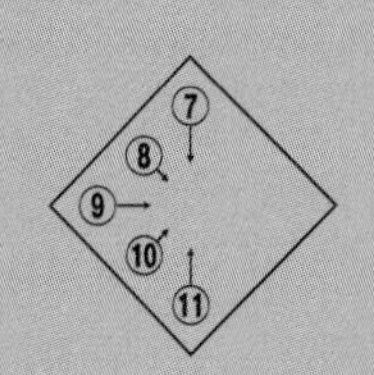

将上面的角向面团中心折叠，然后按顺时针方向旋转 45° 共旋转面团 6 次，每次旋转之后都要将上面的角向面团中心方向折叠。

再按反方向旋转 45°，共旋转 5 次，折面团 5 次。

最终发酵

另一块面团也按同样方式处理，放入烘焙容器中。

在 30℃下发酵 90 分钟。

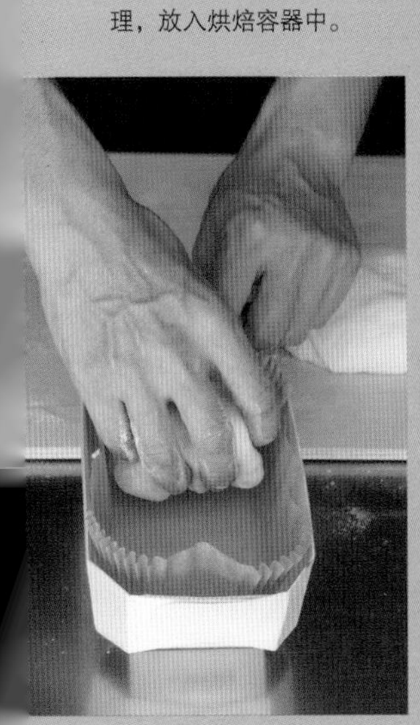

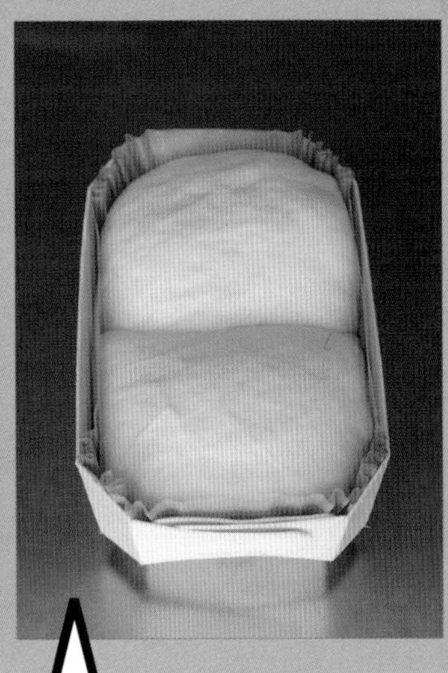

此面包比松软型白面包（P76）的硬度更小，面团在发酵过程中会慢慢延展开。

烘焙

电烤箱预热至 210℃，然后将面团放入烤箱下层，在蒸汽模式下烘焙 15 分钟左右。再调换一下面包放置的方向，在 210℃的非蒸汽模式下再烘焙 10 ~ 15 分钟。

因为谷蛋白含量较少，所以烘焙的温度要稍微高一点，而且蒸汽模式的烘焙时间也较长。

利用主料和辅料制作的意式佛卡夏面包

与法式长棍面包（P50）相比，此面包的硬度不高，但是很有嚼劲，而且口感均匀。因为使用了很香的橄榄油，所以面包表皮有一种在油里炸过的香气，而里面又有着橄榄油的香气和土豆一般绵密的口感。

材料 可用于制作1个13×25cm大小的佛卡夏面包

中筋面粉（春之丰）	120g	80%
中筋面粉（Type ER）	30g	20%
* 粉状物品可以装在塑料袋里称量。		
天然有机酵母	0.9g	0.6%
盐	2.4g	1.6%
白砂糖	4.5g	3%
麦芽酒（稀释后）:	1.5g	1%
* 麦芽酒：水 =1:1，按比例稀释。		
土豆泥	30g	20%
* 将土豆煮熟后碾成泥状即可。		
水	90g	60%
橄榄油	7.5g	5%
合计	286.8g	191.2%

□ 润色用料

橄榄油、盐　　适量

工序

和面搅拌

面团温度 25℃

↓

一次发酵

在 30℃下发酵 60 分钟

↓

成型

↓

最终发酵

在 35℃下发酵 40 分钟

↓

烘焙

电烤箱预热至 250℃→在 220℃下烘焙 15 分钟（非蒸汽模式下）→调换方向→在 220℃下再次烘焙 3 ~ 5 分钟（非蒸汽模式下）

要使用温热的土豆泥。

在碗里放入盐和白砂糖，加入水和麦芽酒，用硅胶铲不断搅拌，充分混合。

将土豆泥倒入碗中，碾碎，再加入橄榄油。

和面

用打蛋器不断搅拌，直至碗中的油粒变小为止。

将面粉迅速放入碗中，混合材料至碗中没有散粉为止。

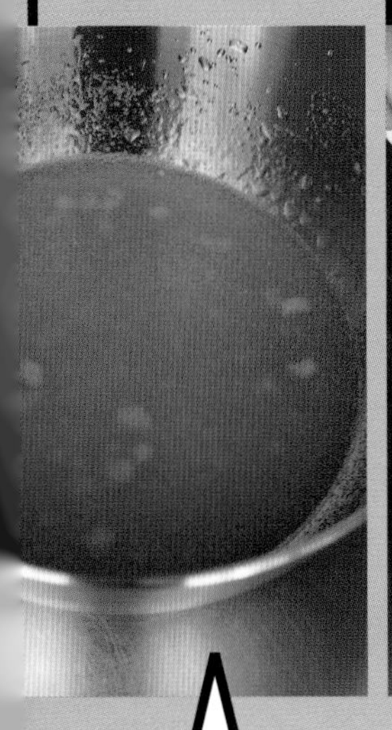

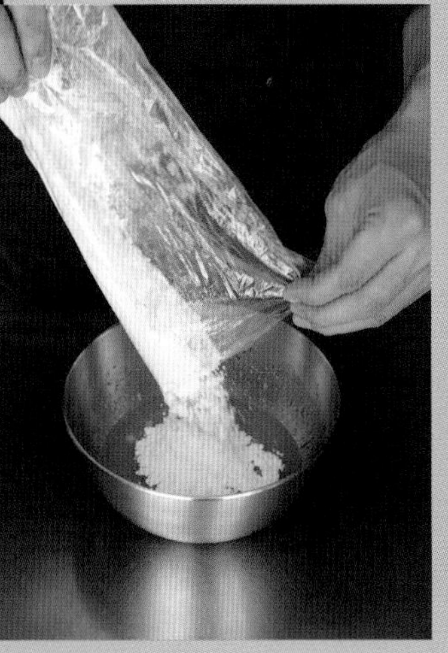

如果不搅拌至油粒变小，和面时就会出现一块一块的油块。

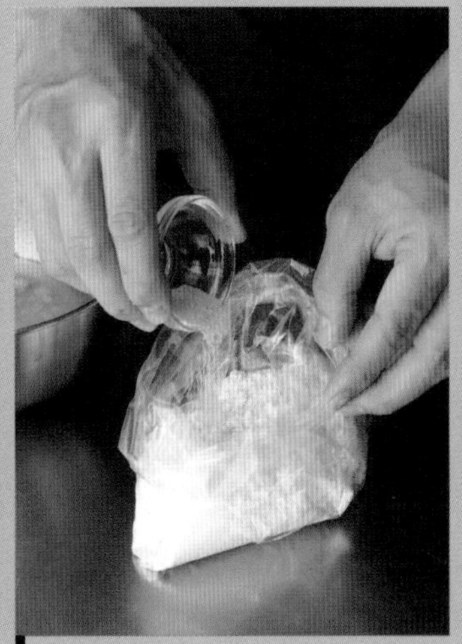

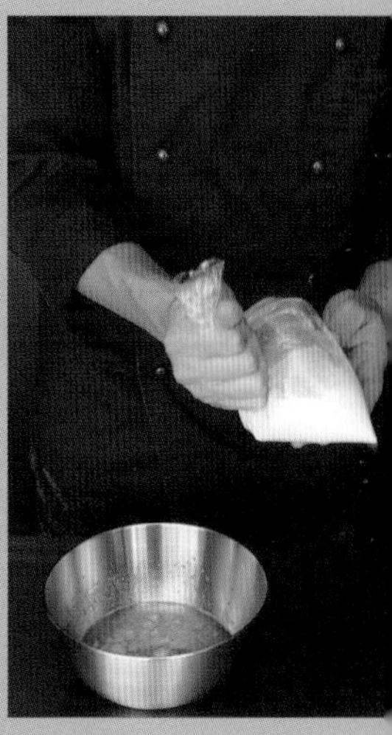

在装满面粉的塑料袋中放入酵母，摇晃塑料袋使其混合。

用刮板刮下粘在硅胶铲和碗上的面团，然后将面团倒在案板上。

一边用指尖和匀面疙瘩，一边将面团延展开。

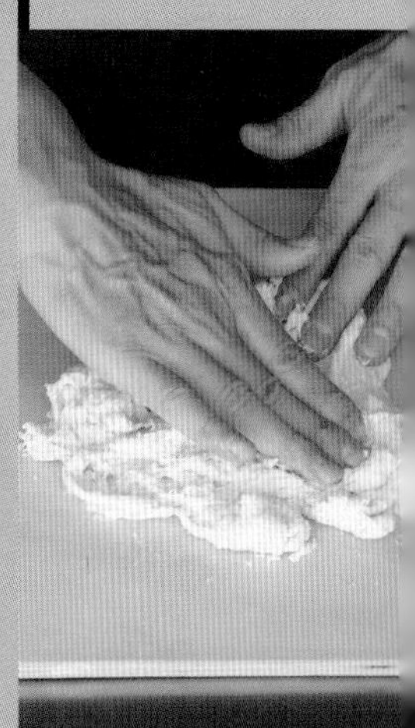

因为油脂会妨碍谷蛋白的形成，所以不要和面过度。

因为面团中谷蛋白的含量较少，所以处理面团时不要太用力。

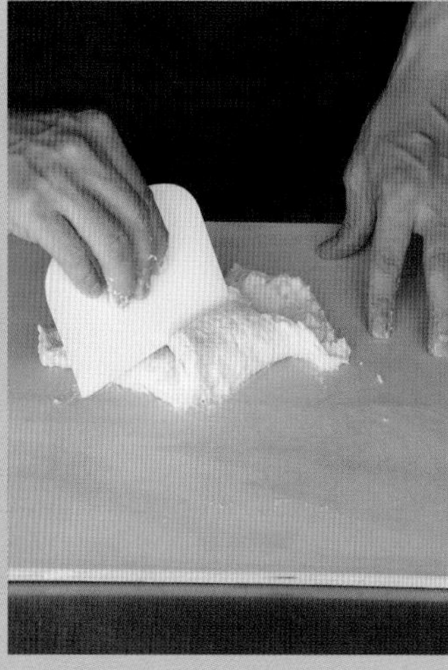

用双手像写“八”字一样将面团延展成边长 20cm 的正方形。刮下粘在手上的面团，并将所有面团收拢至案板中央。

用刮板刀轻轻收拢面团，对折，再改变面团的方向。如此重复 6 次。

成型

在案板和容器边缘撒上面粉。

将刮板插入发酵容器边缘，倒置容器，将面团倒在案板上。

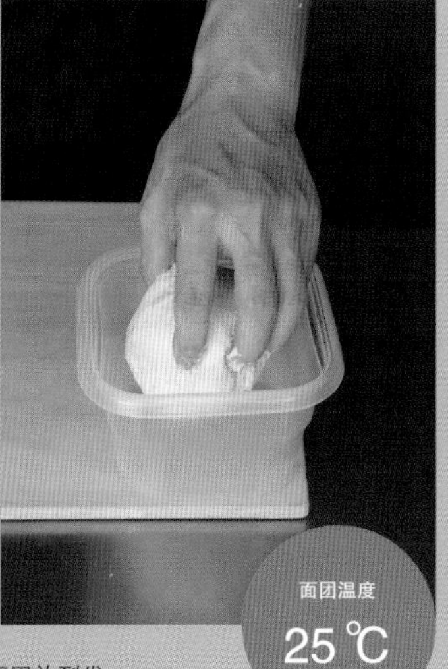

6 次和面动作完成后，将面团放到发酵容器中。

面团温度

25℃

在 30℃下发酵 60 分钟。

一次发酵

将面团的两边向中心折叠。

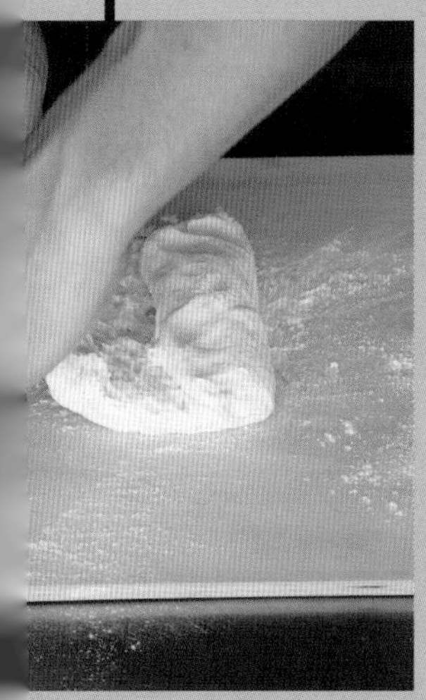

用手轻轻按压面团，挤出其中的空气，延展至 20cm 长。

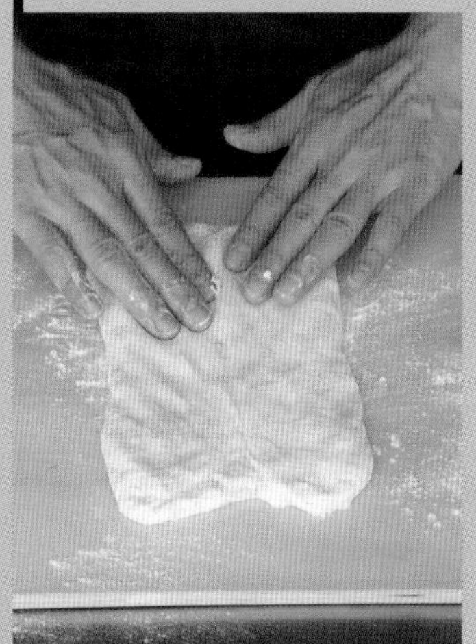

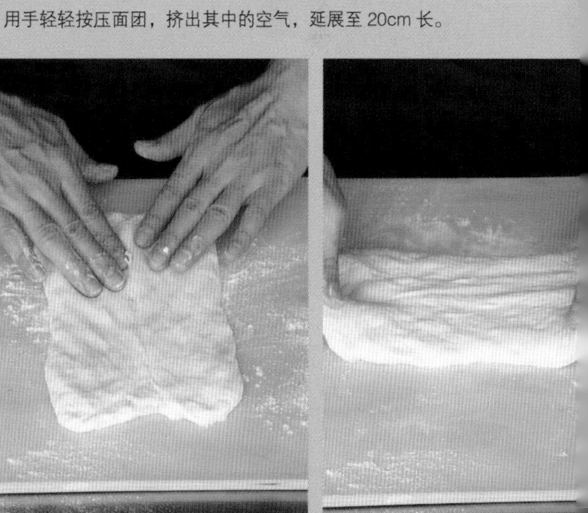

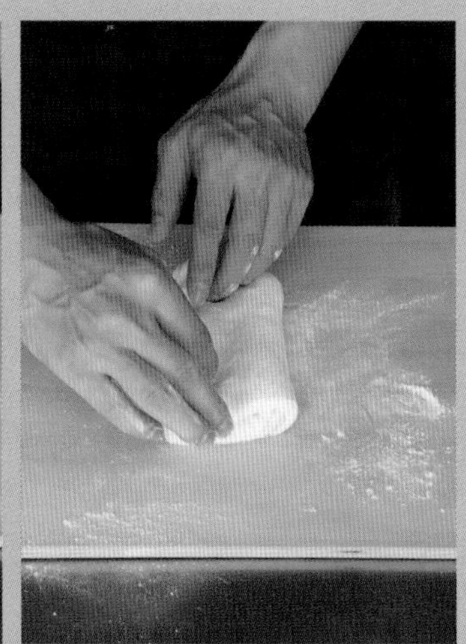
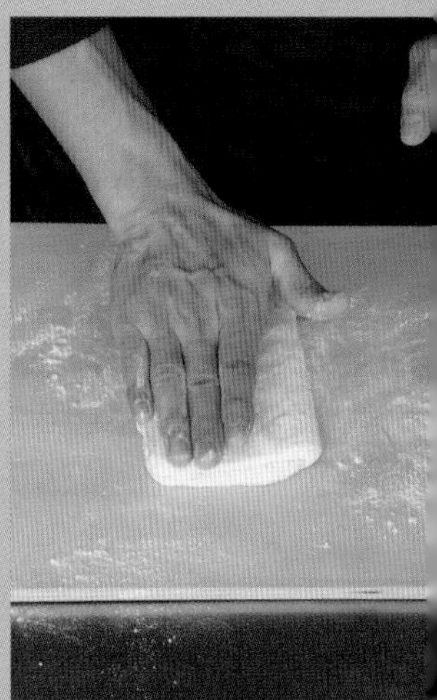

将面团旋转 90°，调换方向后按 3 等分折叠。每次折叠之后都要轻轻按压面团。

轻轻按压面团，然后放在烤盘上。

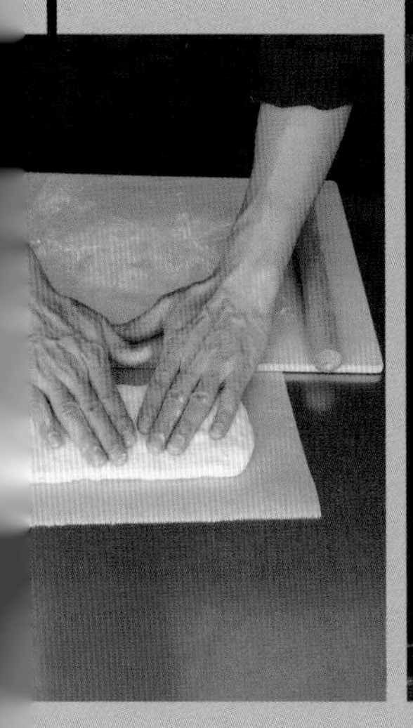

最终发酵

在 35℃下发酵 40 分钟。

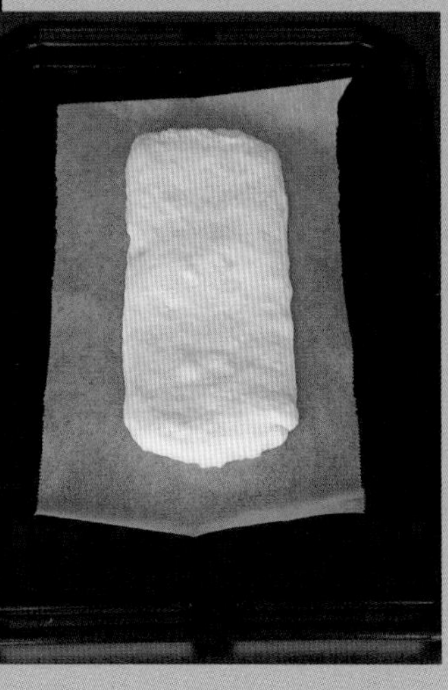
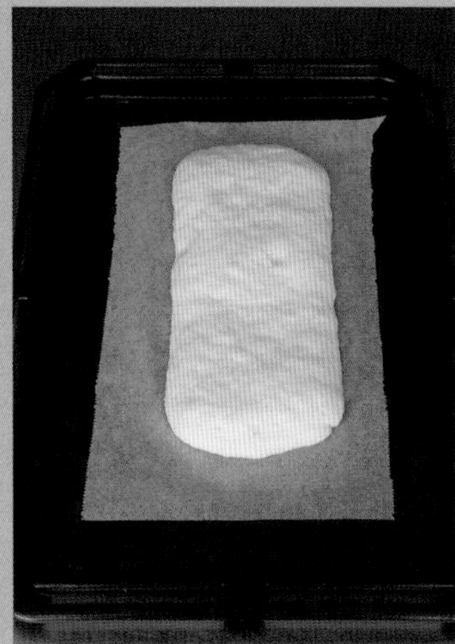

烘焙

用硅胶刷在面团表面刷上满满的橄榄油。

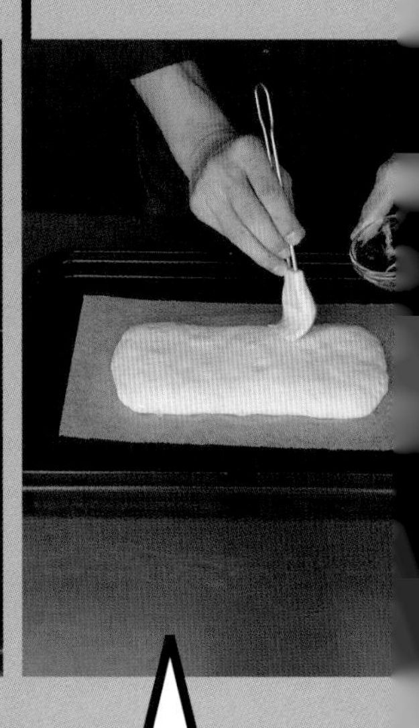

刷上橄榄油不仅可以防止面团干燥，还可以促进面团的延展。

虽然面团延展性很好，但伸缩力不足，很容易破损，因此处理面团时要特别注意。

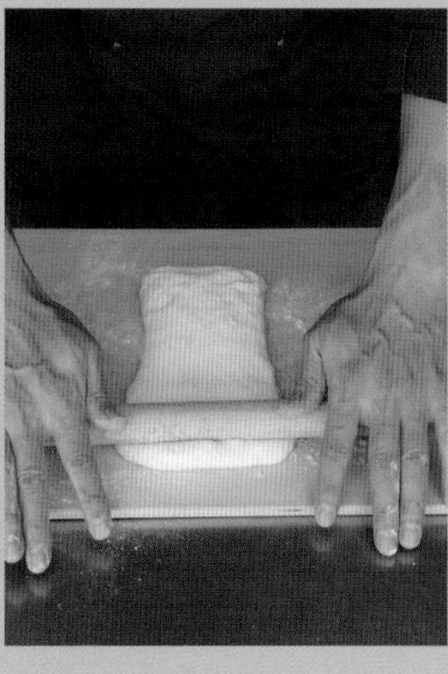

擀面杖放在面团中央，向边缘两侧延展面团。

将面团放在已提前裁成 17cm×30cm 大小的面包烘焙纸上。

用 3 根手指戳面团至底部，一共在面团上戳出 5 排小洞，然后撒上一点盐。

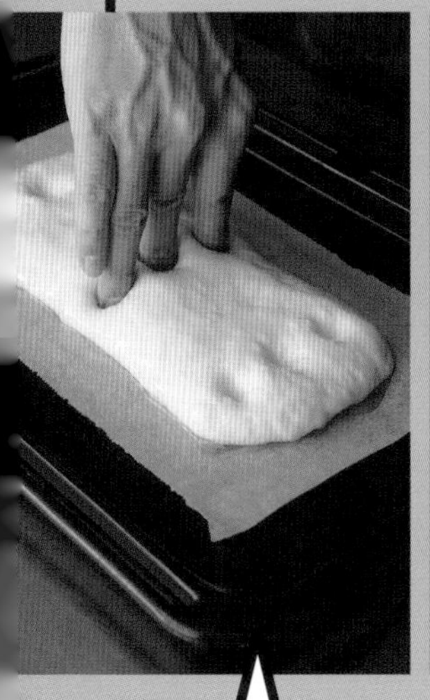

在面团表面戳一些小洞，可以使面团均匀地膨胀。在烘焙的时候，这些小洞会因面团的反作用力而得以延展。

电烤箱预热至 250℃，将面团放入烤箱上层。将烤箱温度降到 220℃，在非蒸汽模式下烘焙 15 分钟左右。调换面团的方向，在 220℃的非蒸汽模式下再烘焙 3 ~ 5 分钟。

利用主料和辅料制作的无花果干面包

因为制作面包时加入了汤种面团，比意式佛卡夏面包更有淀粉的筋道口感。而且，这种面包和法式长棍面包一样，用整形刀划出的花形不会因烘焙而破损，面团中的水分不易蒸发，吃面包时能充分感受到其松软又有嚼劲的口感。面包制作中还加入了洋酒，使面包的风味更上一层楼。

材料

可用于制作1个10cm×25cm的无花果干面包

□ 汤种面团

中筋面粉（Type ER）	60g	30%
热水	100g	50%
合计	160g	80%

□ 面包整体材料

高筋面粉（梦之力）	60g	30%
中筋面粉（Type ER）	80g	40%
* 粉状物品可以装在塑料袋里称量。		
汤种面团	160g	80%
天然有机酵母	0.1g	0.05%
盐	3.6g	1.8%
白砂糖	12g	6%
水	80g	40%
白兰地渍白无花果干	40g	20%
* 将100g干燥的白无花果干切成不到1cm的大小，放入储藏容器中，再加入20g的白兰地，腌渍3天后即可食用了。制作完成后可以在冰箱中保存2周左右。		
合计	435.7g	217.85%

□ 润色用料

高筋面粉（梦之力）	适量

工序

□ 汤种面团

和面搅拌

将各种材料混合均匀，用保鲜膜密封好→静置1小时（如果放在冰箱里冷藏，第二天也可以继续使用）

□ 整体面包制作

和面搅拌

面团温度23℃

↓

一次发酵

在17℃下发酵20分钟

↓

成型

↓

最终发酵

在28℃下发酵30分钟

↓

烘焙

电烤箱预热至250℃→在230℃下烘焙15分钟（蒸汽模式下）→调换方向→在250℃下再次烘焙20分钟（非蒸汽模式下）

小麦中的淀粉受热变成糊状，谷蛋白也因此遭到破坏。

这一过程中并没有使用酵母，不属于发酵。

汤种面团的制作

在面粉中倒入热水，用硅胶铲迅速搅拌混合。

在确认面团中已经没有面疙瘩之后，用保鲜膜密封好，静置1小时。

和面

和面

摇晃装满面粉的塑料袋使其充分混合。

将汤种面团放入碗中，不断揉搓汤种面团至其中没有大的面疙瘩为止。

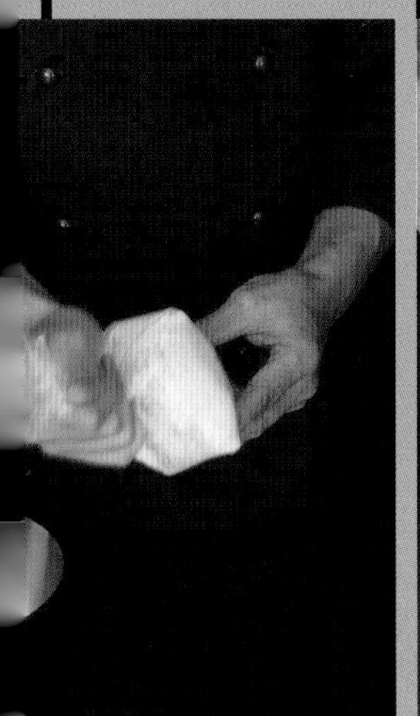

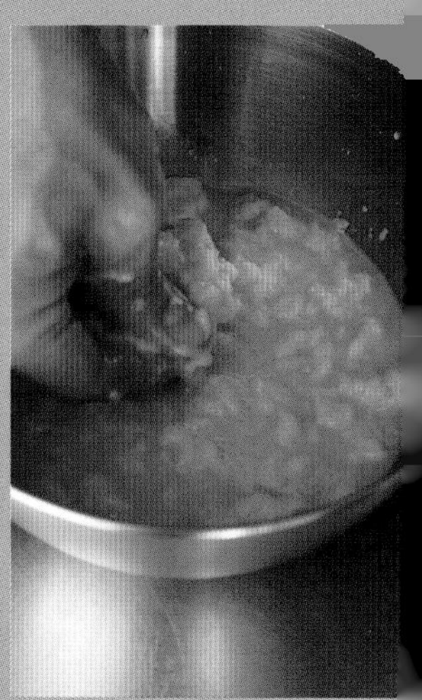

汤种面团膨胀度比较高，因为很容易形成面疙瘩，所以一定要一点点搓开所有的面疙瘩。

面包的
面团制作

在碗里放入盐和白砂糖，加水，用硅胶铲充分搅拌至白砂糖化开。

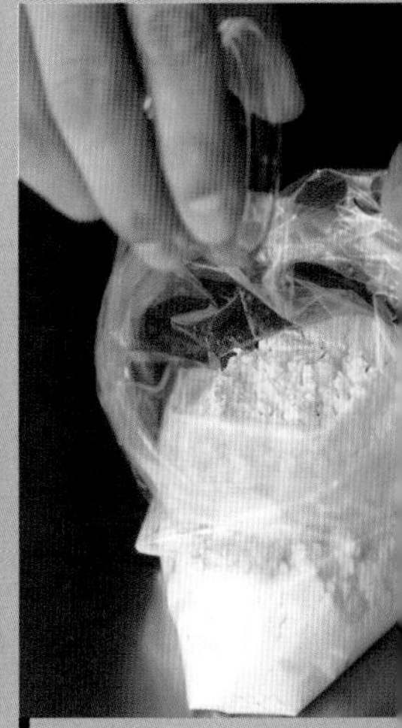

在装满面粉的塑料袋中放入酵母。

用力和面

将面粉倒入碗里，一边用手揉搓，一边混合所有材料至碗中没有散粉为止。

用刮板刮下粘在手上和碗壁上的面团。

即便是小小的面疙瘩，也要用手揉搓开。

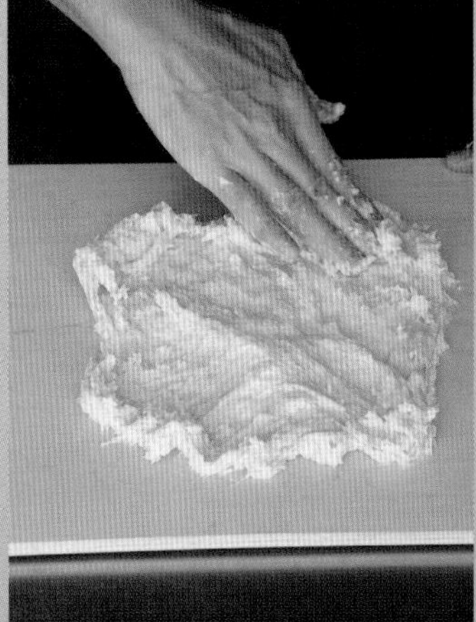

将面团放到案板上。

用指尖将汤种面团里的面疙瘩揉搓开，然后将面团延展成边长 20cm 左右的正方形。用刮板刮下粘在手上的面团。

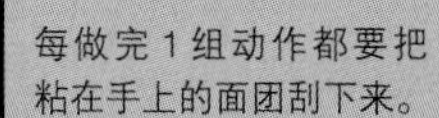

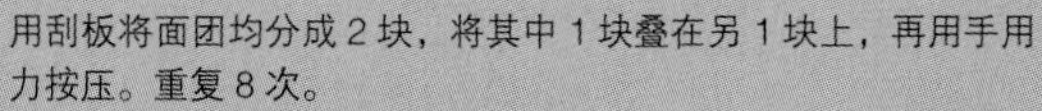

每做完 1 组动作都要把粘在手上的面团刮下来。

将白无花果干均匀地放在面团上。

用刮板将面团均分成 2 块，将其中 1 块叠在另 1 块上，再用手用力按压。重复 8 次。

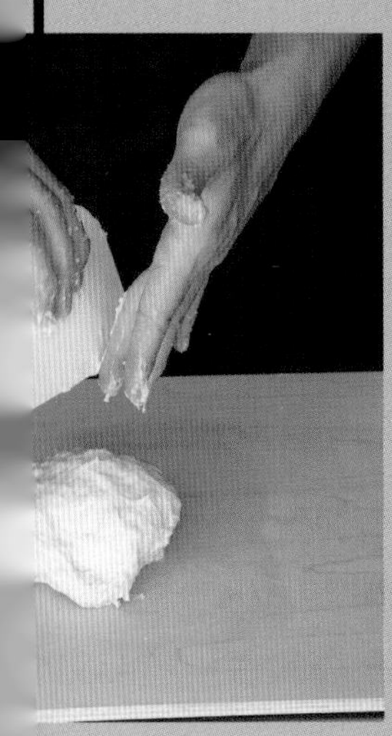

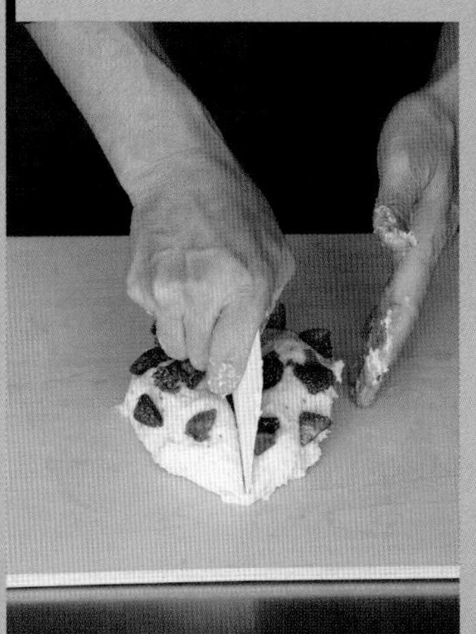

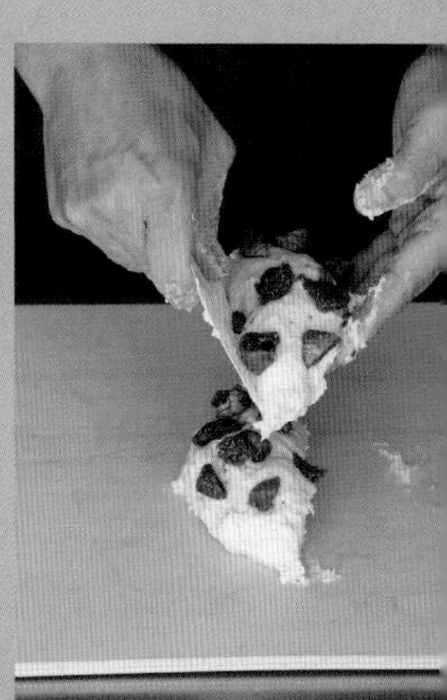

用刮板将面团收拢在案板中央。

将面团从案板上整块拿起，用力摔打在案板上，对折，如此反复 6 次，为 1 组。反复做 2 组，每组摔打面团的力量按弱→强、弱→强来交替进行。

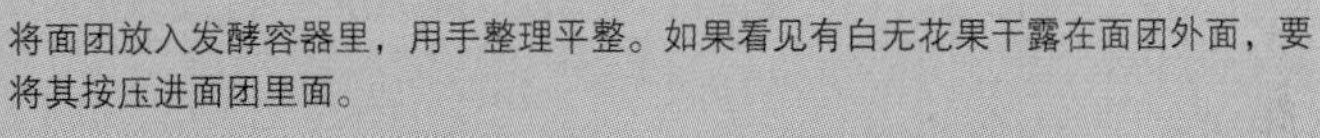

将面团放入发酵容器里，用手整理平整。如果看见有白无花果干露在面团外面，要将其按压进面团里面。

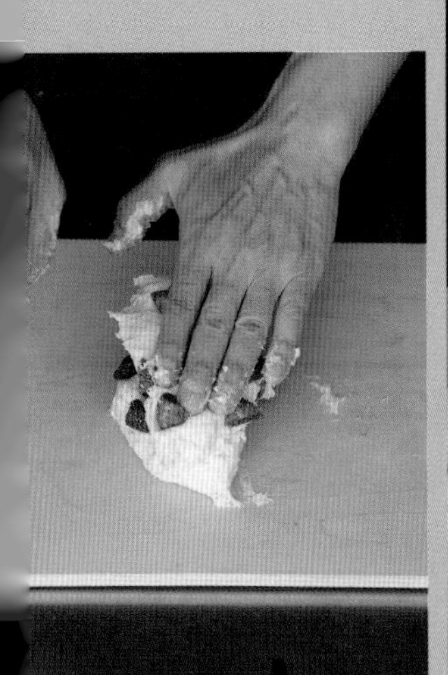

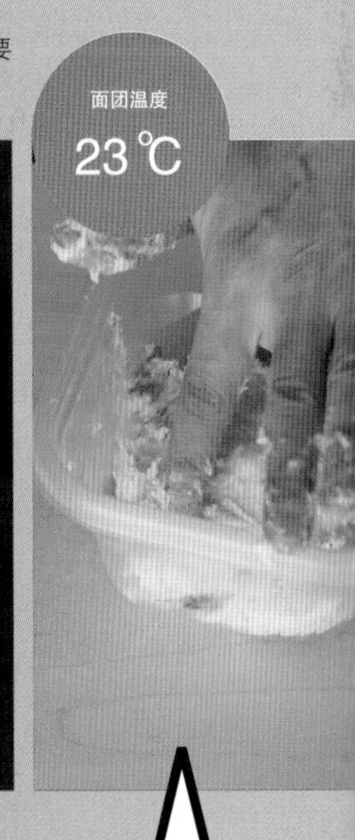

面团和无花果干充分混合。

因为是低温下长时间发酵，面团表面非常平整。

在17℃下发酵20小时。

在案板和容器边缘撒上较多的面粉，将刮板插入发酵容器边缘，倒置容器，将面团倒在案板上。

一次发酵

成型

改变面团的方向，呈菱形放在面前。将靠近身体一侧的一角向正对面的斜角方向翻折。

将靠近身体的一角翻折后叠加在正对面的角上，然后用力按压接口处，撒上面粉。

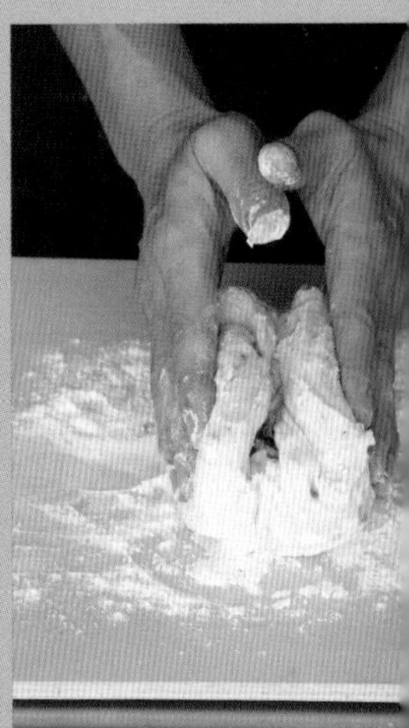

将两侧的面团向中间合拢。

改变面团方向。

再次将两侧的面团向中间合拢。

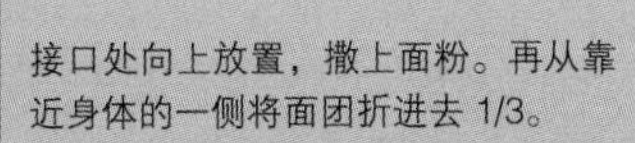

接口处向上放置，撒上面粉。再从靠近身体的一侧将面团折进去 1/3。

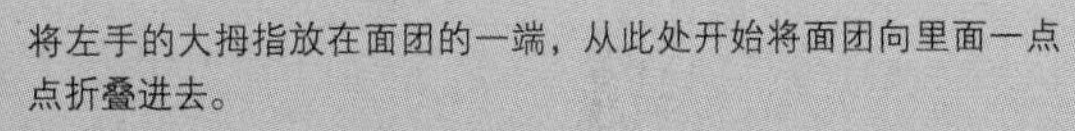

将左手的大拇指放在面团的一端，从此处开始将面团向里面一点点折叠进去。

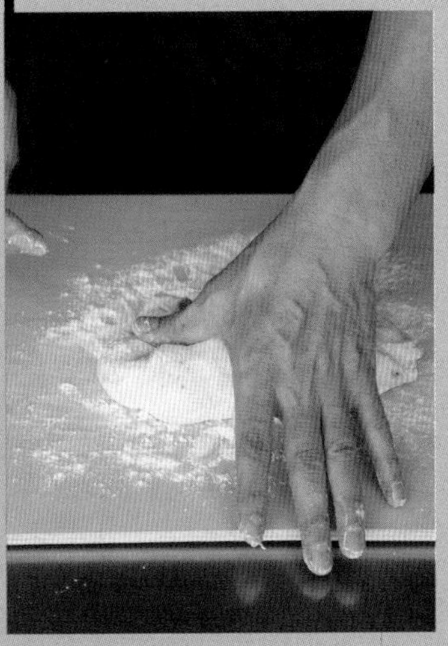

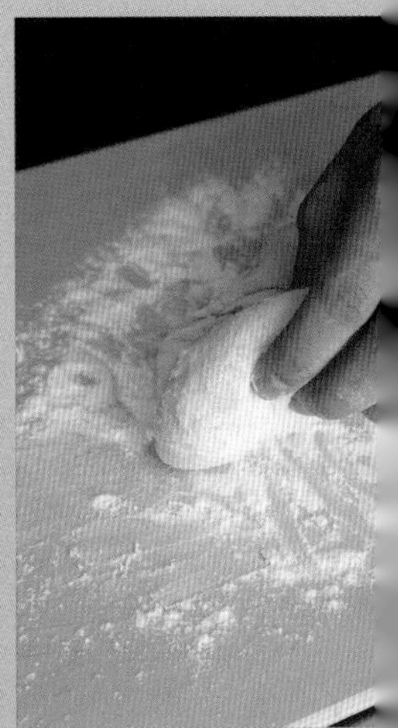

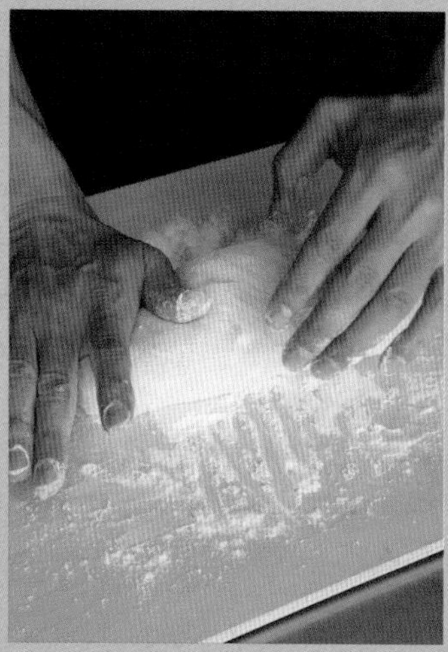
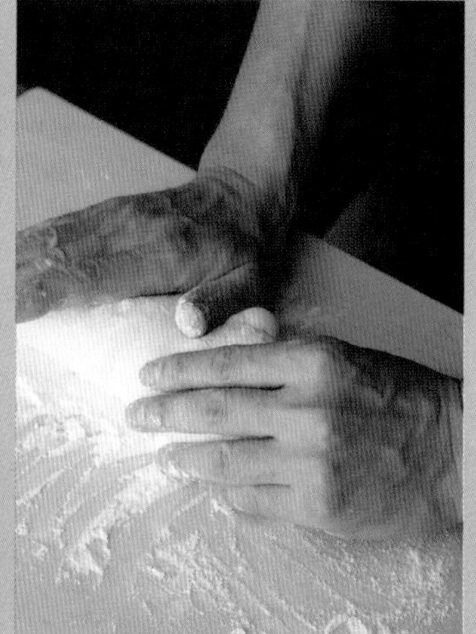

用右手大拇指的根部沿着面团一边按压滚动面团，一边将边角不够圆滑的面团折叠进去。

最终发酵

沿着面团中线，按45°方向用面包整形刀划出叶子一样的图案。

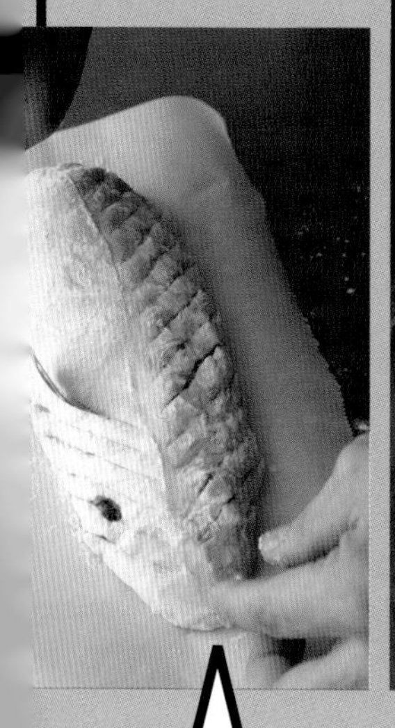

在最终发酵前划出这些图案，能够使黏性很强的面团变得更容易松弛。

为了使面团保持韧性，在面团的两侧放上与其长度相近的物体（例如书），然后迅速从两侧向中间挤压面团。

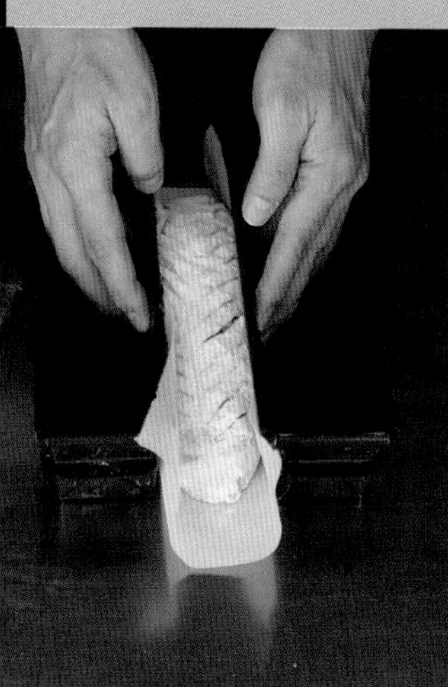

在28℃下发酵30分钟。

在面团的外侧撒上较多的面团，然后滚动面团。

将面团接口处向下，放在裁成 17cm × 30cm 大小的面包烘焙纸上。

用面包整形刀的刀把在面团中央划一条 5mm 宽的线。

烘焙

为了使面团上划出的图案在烘焙膨胀的过程中不被破坏，我们利用水蒸气增强面团的延展性。

电烤箱预热至 250℃，将面团放入烤箱上层，并在烤箱下层用喷雾器洒上较多的水（约 60ml）。将烤箱温度降至 230℃，在蒸汽模式下烘焙 15 分钟左右。调换面包方向，在 250℃的非蒸汽模式下再烘焙 20 分钟。

面包横截面的秘密

如果我们仔细观察一下刚刚做好的面包的横截面，就能够很明显地看出其中的气泡以及面团的膨胀方式。让我们来比较一下本书中提到的各种面包的气泡大小和分布、面团的膨胀方式、面团的黏结状态等。

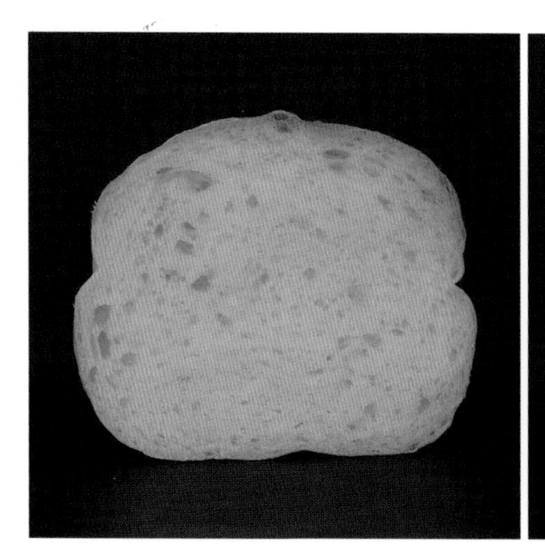

利用主料制作的
白面包（使用高筋面粉）
⇒制作方式请参考 P34

可以看出面包里有不少气泡，面团本身比较紧实。从大小上来说，比使用中筋面粉制作的白面包要相对小一些。

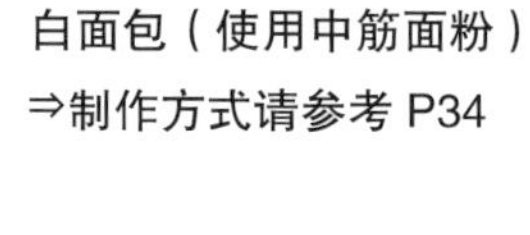

利用主料制作的
白面包（使用中筋面粉）
⇒制作方式请参考 P34

可以看出整个面包内部都分布着大大小小的气泡。与使用高筋面粉制作的白面包相比，使用中筋面粉制作的白面包膨胀度更高。

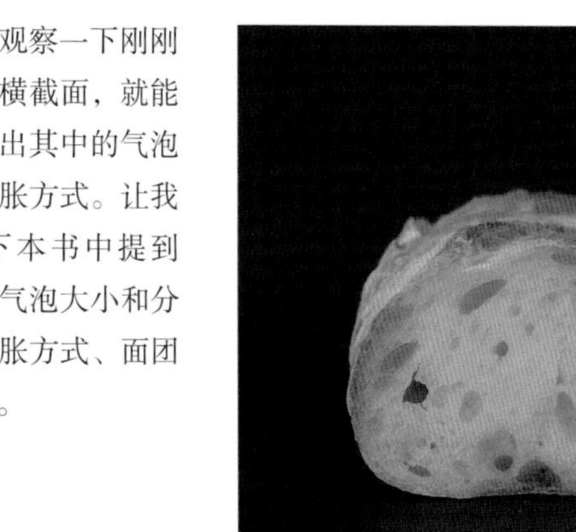

利用主料制作的
法式长棍面包（使用高筋面粉）
⇒制作方式请参考 P50

可以看出面包里有不少气泡，面团本身比较紧实。从大小上来说，比使用中筋面粉制作的法式长棍面包要相对小一些，用整形刀划出来的切口也比较小。

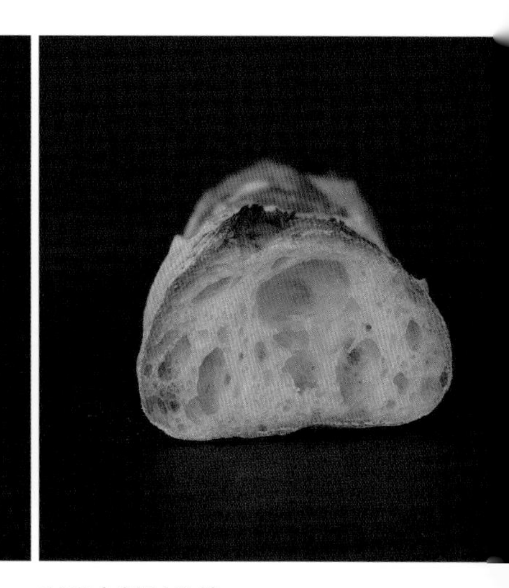

利用主料制作的
法式长棍面包（使用中筋面粉）
⇒制作方式请参考 P50

可以看出整个面包内部都分布着大大小小的气泡。与使用高筋面粉制作的法式长棍面包相比，使用中筋面粉制作的法式长棍面包膨胀度更高，用整形刀划出来的切口经过烘焙之后也变得比较大。

利用主料和辅料制作的
松软白面包（清爽型口感）
⇒制作方式请参考 P76

可以看出面包中心部分特别细腻，面团松软，且极具分量感。

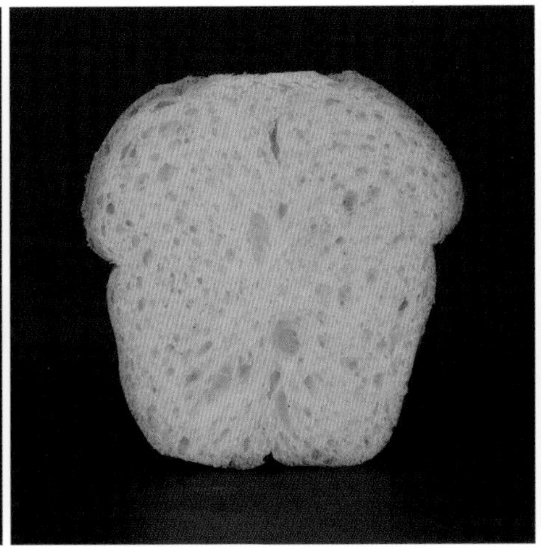

利用主料和辅料制作的
奶油面包（浓厚型口感）
⇒制作方式请参考 P88

可以看出两种面团的反作用力呈竖直方向显现出来。整个面包内部都分布着小气泡。面团整体较为松软。

利用主料和辅料制作的
巧克力坚果奶油面包
⇒制作方式请参考 P96

图中可见的较大空洞是在烘焙过程中巧克力化开而形成的。仅仅是从横截面就能够看出面团紧实绵密。

利用主料和辅料制作的
夹心白面包
⇒制作方式请参考 P108

可以看出整个面包膨胀成大大的山的形状，而且整个面包内部都分布着大大小小的气泡。

利用主料和辅料制作的
意式佛卡夏面包
⇒制作方式请参考 P120

可以看出在烘焙前的最后一道工序时，我们用手指戳出小洞的地方，在烘焙过程中因反作用力而得以延展。

利用主料和辅料制作的
无花果干面包
⇒制作方式请参考 P128

可以看出由于使用了汤种面团，所以面团里淀粉质满满的感觉。仅仅从横截面也能感觉到面团很有嚼劲。

面包制作过程中经常出现的问题

Q. 酒精发酵和乳酸发酵，哪一种发酵方式能使酵母活性更强？

A. 乳酸发酵能够释放出酒精发酵3倍的二氧化碳，因此面团也更容易膨胀，能够储存更多的能量。因为乳酸发酵酵母的活性更强，所以在使用这种方法时，去除二氧化碳的工序会相对增多。二氧化碳会妨碍更多能量的储存，因此在一次发酵的过程中，还要再次和面、再次发酵、分割面团、成型，经过这一系列去除面团中二氧化碳的工序之后，酵母活性才能增强。比较松软的面包在成型后能够短时间膨胀开就是因为去除了面团中的二氧化碳。如果没有去除二氧化碳，那么做出来的面包会具有强烈的酒精味。

Q. 如果加入比较多的盐，面团就能够更加紧实吗？

A. 虽然用更多的盐来配合面包制作的确会使面包口感更加紧实，但是面包也会变咸。如果不想增加盐的用量，可以使用硬度稍微高一点的水，那样制作出来的面团紧实度也会更高一点，而且面包也不会有咸味。

Q. 制作白面包的时候通常使用的都是一些谷蛋白含量比较高的面粉，为什么本书介绍的传统白面包（P34）并没有特别松软的感觉呢？

A. 传统白面包在整个制作过程中完全没有借助有利于提高面包延展性的辅料，因此面团的回缩性比较好，而且面团不易膨胀，面包表皮也不易破损。如果谷蛋白含量较高的面粉再配合一些辅料来制作面包，面团的延展性就会很好，做出来的面包也会很松软。

Q. 为什么一般大家都说制作法式长棍面包时不宜和面过度？

A. 因为像法式长棍面包这样的法式面包使用的都是谷蛋白含量较低的法国产面粉。可以用于发酵膨胀的酵母含量也比较低，制作出来的面包自然也不易膨胀。所以，在面粉的选择上，比起谷蛋白含量比较高的高筋面粉，选择谷蛋白含量较低但容易松弛的中筋面粉更好。在制作过程中，如何和面才能够不破坏谷蛋白就显得极为重要。所以，制作时应用相对轻柔的力量揉搓面团，等到面团再次松弛后，再和面发酵，不断重复，以此来增加面团的硬度。

Q. 为什么在制作巧克力坚果奶油面包（P96）和夹心白面包（P108）时要不断将面团旋转45°，再将面团一点点折进去呢？

A. 巧克力坚果奶油面包中的辅料非常多，而夹心白面包则是利用了液态发酵面团这样一种谷蛋白黏结度不高的发酵面团，处理这两种面团时，在谷蛋白的结合上要格外下功夫。如果太过用力和面，会导致面团破损。所以，我们在制作时先利用油脂使面团延展性增强，然后再通过反复和面、发酵来增强面团中的谷蛋白。重复题中的动作6次，然后再翻面继续。通过此方式使谷蛋白被人为地复杂地结合起来，面包整体的分量感也得到提升。

Q. 为什么麦芽酒要稀释后再使用呢？

A. 因为麦芽酒的原液黏性特别大，不方便计量，也不容易和各种其他材料融合在一起。稀释之后不仅容易计量，而且也能更好地融合在面团里。如果在制作法式长棍面包等和面次数较少的面包时想要加入麦芽酒，由于需要尽快将其混合在一起，所以容易和面过度，这一点一定要注意！均一地将麦芽酒和开即可，千万不能过度。

Q. 在制作法式长棍面包（P50）的最后成型工序中，如果没有按照P62所述的方法做出斜纹的折叠痕迹，而是做成直线状的，做出来的面包会是什么样子呢？

A. 如果做出来的是直线状的折叠痕迹，证明你在操作的过程中不是将面团折叠进去，而是按压面团来制作的。既然是按压面团，那么就很有可能导致面团被压烂。如果这样进行烘焙，被压烂的部分就会因为不易延展而变成硬块，做出来的面包自然也不会好吃。

Q. 现在日本市面上出售的天然酵母里，最有名的就是星野酵母，它是单一型酵母吗？

A. 我以前也一直想知道星野酵母是单一型酵母还是复合型酵母，在一次巧合时，我直接问了星野酵母公司的土田耕正先生。他回答我说，星野酵母是他们公司自己研发的一种单一型酵母，是利用自制酵母同样的制作方法，同时加上了一种米酒酒曲作为发酵原料制成的。这种酵母不会将砂糖作为原料进行发酵，可以在和面团温度相同的环境下慢慢发酵。也就是说，这种酵母同时使用水和酒曲来提高发酵的效率，酒曲还能够帮助淀粉的分解。

图书在版编目（CIP）数据

面包制作一步一图/（日）堀田诚著；陈泽宇译.
--北京：煤炭工业出版社，2018
ISBN 978-7-5020-6683-3

Ⅰ.①面… Ⅱ.①堀… ②陈… Ⅲ.①面包-制作
Ⅳ.①TS213.2

中国版本图书馆CIP数据核字(2018)第103804号

面包制作一步一图

著　　者（日）堀田诚　　**译　　者** 陈泽宇
策划制作 北京书锦缘咨询有限公司（www.booklink.com.cn）
总 策 划 陈　庆　　**策　　划** 李　伟
责任编辑 马明仁　　**编　　辑** 郭浩亮
设计制作 王　青

出版发行 煤炭工业出版社（北京市朝阳区芍药居 35 号　100029）
电　　话 010-84657898（总编室）
010-64018321（发行部）　010-84657880（读者服务部）
电子信箱 cciph612@126.com
网　　址 www.cciph.com.cn
印　　刷 天津市蓟县宏图印务有限公司
经　　销 全国新华书店

开　　本 787mm × 1092mm 1/16　**印张** 9　**字数** 108　千字
版　　次 2018 年 6 月第 1 版　2018 年 6 月第 1 次印刷
社内编号 20180498　　**定价** 59.80 元